21世纪新概念全能实战规划教材

中文版 Illustrator 2022 基础教程

凤凰高新教育◎编著

北京大学出版社
PEKING UNIVERSITY PRESS

内 容 简 介

Illustrator是优秀的矢量图形处理软件，广泛应用于插画绘制、广告设计等领域。Illustrator 2022不仅继承了前期版本的优秀功能，还增加了许多非常实用的新功能。

本书以案例为引导，系统并全面地讲解了Illustrator 2022图形处理与设计的相关功能及技能应用。内容包括Illustrator 2022基础知识，Illustrator 2022入门操作，几何图形的绘制方法，绘图工具的应用和编辑，填充颜色和图案，管理对象的基本方法，特殊编辑与混合效果，文字效果的应用，图层和蒙版的应用，效果、样式和滤镜的应用，符号和图表的应用，Web设计、打印和任务自动化等。在本书的最后还安排了一章案例实训的内容，通过本章学习，可以提升读者在Illustrator 2022中图形处理与设计的综合实战技能水平。

全书内容安排由浅入深，语言写作通俗易懂，实例题材丰富多样，每个操作步骤的介绍都清晰准确，特别适合广大职业院校及计算机培训学校作为相关专业的教材用书，同时也适合作为广大Illustrator初学者、设计爱好者的学习参考书。

图书在版编目(CIP)数据

中文版Illustrator 2022基础教程 / 凤凰高新教育编著. — 北京：北京大学出版社，2023.4
ISBN 978-7-301-33865-0

Ⅰ.①中… Ⅱ.①凤… Ⅲ.①图形软件－教材 Ⅳ.①TP391.412

中国国家版本馆CIP数据核字（2023）第053967号

书　　　　名	中文版Illustrator 2022基础教程	
	ZHONGWENBAN Illustrator 2022 JICHU JIAOCHENG	
著作责任者	凤凰高新教育　编著	
责 任 编 辑	王继伟　刘　倩	
标 准 书 号	ISBN 978-7-301-33865-0	
出 版 发 行	北京大学出版社	
地　　　　址	北京市海淀区成府路205号　100871	
网　　　　址	http://www.pup.cn　　新浪微博:@北京大学出版社	
电 子 信 箱	pup7@pup.cn	
电　　　　话	邮购部 010-62752015　发行部 010-62750672　编辑部 010-62570390	
印 　刷　 者	北京鑫海金澳胶印有限公司	
经 　销　 者	新华书店	
	787毫米×1092毫米　16开本　21.75印张　524千字	
	2023年4月第1版　2023年4月第1次印刷	
印　　　　数	1-3000册	
定　　　　价	69.00元	

Illustrator 是优秀的矢量图形处理软件，广泛应用于插画绘制、广告设计等领域。Illustrator 2022 不仅继承了前期版本的优秀功能，还增加了许多非常实用的新功能。

本书内容介绍

本书以案例为引导，系统全面地讲解了 Illustrator 2022 图形处理与设计的相关功能及技能应用。内容包括 Illustrator 2022 基础知识，Illustrator 2022 入门操作，几何图形的绘制方法，绘图工具的应用和编辑，填充颜色和图案，管理对象的基本方法，特殊编辑与混合效果，文字效果的应用，图层和蒙版的应用，效果、样式和滤镜的应用，符号和图表的应用，Web 设计、打印和任务自动化等。本书第 13 章为商业案例实训，通过该章内容的学习，可以提高读者在 Illustrator 2022 中图形处理与设计的综合实战技能。

本书特色

（1）本书内容安排由浅入深，语言通俗易懂，实例题材丰富多样，操作步骤的介绍清晰准确。特别适合计算机培训学校作为相关专业的教材，同时也适合作为广大 Illustrator 初学者、设计爱好者的学习参考用书。

（2）本书内容翔实，系统全面，轻松易学。在写作方式上，采用"步骤讲述＋配图说明"的方式进行编写，操作简单明了，浅显易懂。图书并附赠多媒体辅助教学资源，包括本书中所有案例的素材文件与最终效果文件，同时还配有与书中内容同步讲解的多媒体教学视频，让读者轻松学会 Illustrator 2022 的图形处理与设计。

（3）本书案例丰富，实用性强。本书共有 22 个"课堂范例"，帮助初学者认识和掌握相关工具、命令的实战应用；32 个"课堂问答"，帮助初学者解决学习过程中遇到的疑难问题；12 个"上机实战"和 12 个"同步训练"的综合实例，提升初学者的实战技能水平；12 个"知识能力测试"的习题，认真完成这些测试习题，可以帮助初学者巩固所学的知识。（提示：相关习题答案可以从网盘中下载，方法参考后面介绍。）

本书知识结构图

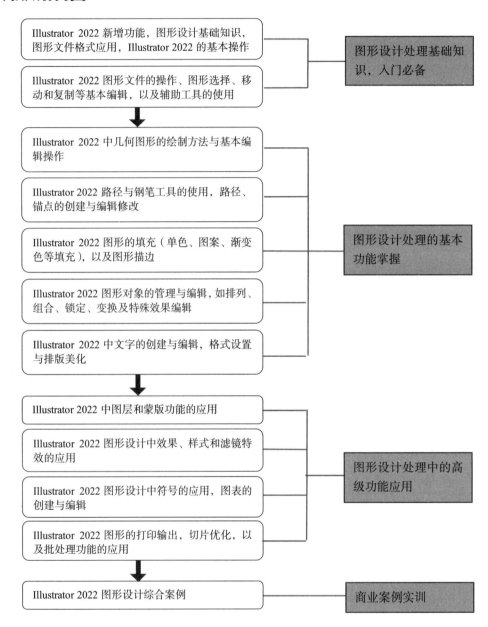

教学课时安排

本书综合了 Illustrator 2022 软件的功能应用，现给出本书教学的参考课时（共 65 课时），主要包括教师讲授 38 课时和学生上机实训 27 课时两部分，具体如下表所示。

章节内容	课时分配	
	教师讲授	学生上机实训
第 1 章　Illustrator 2022 基础知识	2	0
第 2 章　Illustrator 2022 入门操作	2	2
第 3 章　几何图形的绘制方法	3	2
第 4 章　绘图工具的应用和编辑	3	2
第 5 章　填充颜色和图案	4	2
第 6 章　管理对象的基本方法	3	2
第 7 章　特殊编辑与混合效果	4	3
第 8 章　文字效果的应用	2	1
第 9 章　图层和蒙版的应用	3	2
第 10 章　效果、样式和滤镜的应用	4	4
第 11 章　符号和图表的应用	2	1
第 12 章　Web 设计、打印和任务自动化	1	1
第 13 章　商业案例实训	5	5
合　　计	38	27

配套资源说明

本书附赠相关的学习资源和教学资源，具体内容如下。

一、素材文件

本书中所有章节实例的素材文件。读者在学习时，可以参考图书讲解内容，打开对应的素材文件进行同步操作练习。

二、结果文件

本书中所有章节实例的最终效果文件。读者在学习时，可以打开结果文件，查看其实例效果，为自己在学习中的练习操作提供帮助。

三、视频教学文件

本书提供了 49 节与书同步的视频教程，读者可以通过相关的视频播放软件打开每章中的视频文件进行学习，并且每个视频都有语音讲解，非常适合无基础的读者学习。

四、PPT 课件

本书为教师们提供了 PPT 教学课件，方便教师教学使用。

五、习题及答案

本书提供了 3 套"知识与能力总复习题",便于检测读者对本书内容的掌握情况。本书每章后面的"知识能力测试"及 3 套"知识与能力总复习题"的参考答案,可参考"下载资源"中的"习题答案汇总"文件。

六、其他赠送资源

为了提高读者对软件的实际应用能力,下载资源中还整理了"设计专业软件在不同行业中的学习指导"电子书,方便读者结合其他软件灵活掌握设计技巧,并学以致用。

温馨提示:以上资源,请读者关注封底的"博雅读书社"微信公众号,找到资源下载栏目,输入本书 77 页的资源下载码,根据提示获取。

创作者说

在本书的编写过程中,我们竭尽所能地为您呈现最好、最全的实用功能,但仍难免有疏漏和不妥之处,敬请广大读者不吝指正。若您在学习过程中产生疑问或有任何建议,可以通过 E-mail 与我们联系。读者邮箱:2751801073@qq.com。

Contents 目 录

Illustrator 2022

第1章

Illustrator 2022基础知识

　　Illustrator 2022 是一款用于绘制矢量图形的软件，广泛应用于插画绘制、广告设计等领域。本章将对Illustrator 2022 的基础知识进行讲解，包括Illustrator 2022 的新增功能、Illustrator 2022 的工作界面等内容。

学习目标

- 了解 Illustrator 2022 的新增功能
- 了解矢量图和位图
- 了解图像的颜色模式和存储格式
- 熟悉 Illustrator 2022 的工作界面
- 熟悉 Illustrator 2022 的首选项参数设置

1.1 了解Illustrator 2022

Illustrator是优秀的矢量图形处理软件，Illustrator 2022 不仅传承了前期版本的优秀功能，还增加了许多非常实用的新功能。

1.1.1 初识Illustrator 2022

Illustrator 2022 广泛应用于印刷出版、专业插画、多媒体图像处理和互联网页面的制作等方面，功能非常强大。

1.1.2 Illustrator 2022的新增功能

Illustrator 2022 新增了更多实用功能，包括应用 3D 效果（技术预览）、3D 和材质（技术预览）、共享以供注释、发现面板等，以及其他更多的改进，用户体验效果更佳。下面介绍一些常用的新增功能。

1. 应用 3D 效果（技术预览）

应用 3D 效果（技术预览），提供思路重新调整图稿效果。通过使用更新的 3D 面板中的旋转、绕转、凸出、光照和阴影效果，可以轻松地将这些 3D 效果应用到矢量图稿，并创建 3D 图形，如图 1-1 所示。可以在单个 3D 面板中查找所有这些效果及 Adobe Substance 材质和渲染选项。

2. 3D 和材质（技术预览）

可以使用Substance材质为图稿添加纹理，并创建逼真的 3D 图形，如图 1-2 所示。可以添加自己的材质或从免费的社区和Adobe材质中进行选择。还可以利用订阅计划，添加数千个Adobe Substance 3D材质。

图 1-1　3D效果

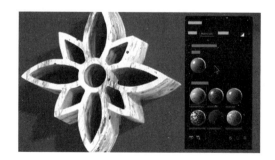

图 1-2　3D材质

3. 共享以供注释

可以与协作者、团队成员或任何人共享图稿链接。使用此链接的审阅者现在可以查看图稿并共享反馈，从而实现无缝协作。也可以在 Illustrator 中查看并审阅共享文档中的注释，如图 1-3 所示。

4.【发现】面板

通过【发现】面板可以交互上下文自助式内容，还可以轻松了解新增功能并快速获取帮助。该面板还会根据行业技能和工作情况提供建议，这些建议包括如何更快地完成多步骤工作流程的提示和教程，如图 1-4 所示。

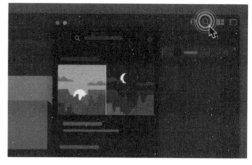

图 1-3　共享　　　　　　　　图 1-4　【发现】面板

5. 无缝激活缺失字体

可以在任何计算机上加载文档并无缝工作，而无须手动修复缺失字体。缺失字体将替换为 Adobe Fonts 中的匹配字体，如图 1-5 所示。

6. 使用"选择相同文本"提高工作效率

可以选择文档中的所有文本框，并一次更改多个文本对象的文本特征。借助选择相同内容的扩展功能，可以根据字体大小、文本填充颜色、字体样式和字体选择文本，如图 1-6 所示。

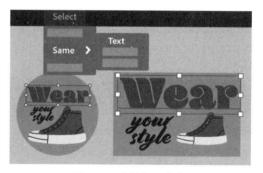

图 1-5　匹配字体　　　　　　　　图 1-6　选择相同文本

7. 置入链接的云文档

现在，可以在 Illustrator 文档中置入或嵌入链接的 PSD 云文档。更新或重新链接 PSD 云文件，并在需要编辑文件时将它们嵌入画板中，如图 1-7 所示。

8. 支持 HEIF 或 WebP 格式

现在，可以在 Illustrator 中打开或置入高效率图像格式（HEIF）或 Web 图片（WebP）格式文件，如图 1-8 所示。要在 Windows 版 Illustrator 中访问 HEIF 格式文件，需要使用编解码器文件。

图 1-7　链接云文档

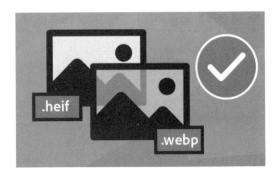
图 1-8　置入图像

9. 简化的变量宽度描边

可以使用较少的锚点轻松调整或扩展变量宽度描边，因为 Illustrator 会在描边上应用简化路径，如图 1-9 所示。

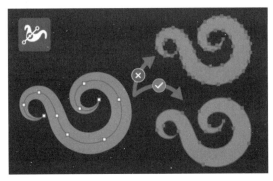
图 1-9　宽度描边

1.2　矢量图和位图

在计算机绘图设计领域中，图像基本上可分为矢量图和位图两类，矢量图与位图各有优缺点，下面将分别进行介绍。

1.2.1　矢量图

矢量图也称为向量图，可以对其进行任意大小缩放，而不会出现失真现象。矢量图的形状更容易修改和控制，但是色彩层次不如位图丰富和真实。常用的矢量图绘制软件有 Illustrator、CorelDRAW、FreeHand、Flash 等。矢量图放大前后对比效果如图 1-10 所示。

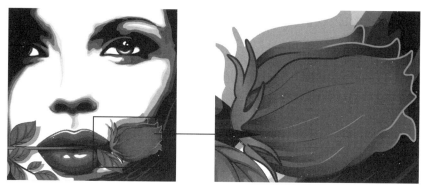

图 1-10　矢量图放大效果

1.2.2　位图

位图也叫作点阵图、栅格图像、像素图，简单地说，就是由像素点构成的图，所以位图过度放大就会失真。构成位图的最小单位是像素点，位图就是由像素阵列的排列来实现其显示效果的，常见的位图编辑软件有 Photoshop、Painter、Fireworks、PhotoImpact、光影魔术手等。位图放大前后对比效果如图 1-11 所示。

图 1-11　位图放大效果

1.2.3　图像分辨率

图像分辨率和图像大小之间有着密切的关系。图像分辨率越高，所包含的像素越多，也就是图像的信息量越大，则文件也就越大。通常文件的大小是以 MB（兆字节）为单位的。一般情况下，一个幅面为 A4 大小的 RGB 模式的图像，若分辨率为 300dpi（像素 / 英寸），则文件大小约为 20MB。

1.3　图像的颜色模式和存储格式

颜色模式是定义颜色值的方法，不同的颜色模式使用特定的数值定义颜色；存储格式就是将对象存储于文件中时所用的记录格式。

1.3.1　Illustrator 2022常用颜色模式

颜色模式是一种用来确定显示和打印电子图像色彩的模式。常见的颜色模式包括RGB颜色模式、CMYK颜色模式、Lab颜色模式等，下面以RGB和CMYK颜色模式为例进行介绍。

1. RGB 颜色模式

RGB颜色模式通过光的三原色红、绿、蓝进行混合产生丰富的颜色。绝大多数可视光谱都可表示为红、绿、蓝三色光在不同比例和强度上的混合。原色红、绿、蓝之间若发生混合，则会生成青、黄和洋红三色。

RGB颜色也被称为"加色模式"，因为通过将红、绿和蓝混合在一起可产生白色。"加色模式"常用于照明、电视和计算机显示器。例如，显示器通过红色、绿色和蓝色荧光粉发射光线产生颜色，如图1-12所示。

2. CMYK 颜色模式

CMYK颜色模式的应用基础是纸张上打印和印刷油墨的光吸收特性。当白色光线照射到透明的油墨上时，将吸收一部分光谱，没有吸收的颜色反射回人的眼睛。

混合青、洋红和黄三色可以产生黑色，或通过三色相减产生所有颜色。因此，CMYK颜色模式也被称为"减色模式"。因为青、洋红和黄三色不能混合出高密度的黑色，所以加入黑色油墨以实现更好的印刷效果。将青、洋红、黄、黑四种颜色的油墨混合重现颜色的过程称为四色印刷，如图1-13所示。

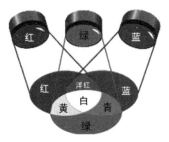

图 1-12　RGB 颜色模式

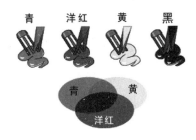

图 1-13　CMYK 颜色模式

1.3.2　Illustrator 2022常用存储格式

为了便于文件的编辑和输出，需要将设计作品以一定的格式存储在计算机中。下面介绍两种常见的矢量文件存储格式。

1. AI 格式

AI是Illustrator默认的图形文件格式。对于该格式文件，使用CorelDRAW、Illustrator、FreeHand、Flash等软件都可以打开进行编辑，在Photoshop软件中可以作为智能对象打开，如果在Photoshop软件中使用传统方式打开，系统会将其转换为位图。

2. EPS 格式

EPS 文件虽然采用矢量格式记录文件信息，但是也可包含位图图像，而且将所有像素信息整体以像素文件的记录方式进行保存。对于针对像素图像的组版裁剪和输出控制信息，如轮廓曲线的参数、加网参数和网点形状，以及图像和色块的颜色设备等，将用 PostScript 语言方式另行保存。

Illustrator 2022的工作界面

在 Illustrator 中绘制图形，主要是通过工具、命令和面板选项来进行的，所以学习绘图操作之前，必须熟悉它的工作界面，启动 Illustrator 2022 后，工作界面如图 1-14 所示。工作界面组成元素常用内容见表 1-1。

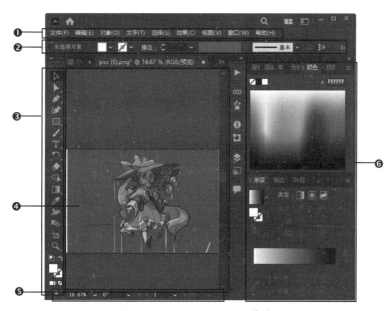

图 1-14　Illustrator 2022 工作界面

表 1-1　工作界面组成元素

选项	功能介绍
❶菜单栏	菜单栏中包含可以执行的各种命令，单击菜单名称即可打开相应的菜单
❷工具选项栏	用来设置工具的各种选项，它会随着所选工具的不同而变换内容
❸工具箱	包含用于执行各种操作的工具，如创建选区、移动图形、绘画、文字等
❹图像窗口	图像窗口是显示和编辑图像的区域
❺状态栏	可以显示文档大小、文档尺寸、当前工具和窗口缩放比例等信息
❻浮动面板	可以帮助我们编辑图像，有的用来设置编辑内容，有的用来设置颜色属性

1.4.1　菜单栏

菜单栏位于界面的最上方，包括9组菜单命令。执行菜单命令时，单击相应的组菜单，在弹出的子菜单中选择相应的命令即可，如图1-15所示。

在菜单栏左侧还显示了AI软件名称，并有一些扩展命令按钮，右侧包括【最小化】【最大化】【关闭】按钮。

图 1-15　菜单栏

> **技能拓展**
> 如果菜单命令为浅灰色，表示该命令目前处于不可用状态。如果菜单命令右侧有标记，表示该命令下还包含子菜单。如果菜单命令后有"…"标记，则表示选择该命令可以打开对话框。如果菜单命令右侧有字母组合，则表示为该命令的键盘快捷键。

1.4.2　工具选项栏

熟悉Illustrator的用户或许会更习惯于在工具选项栏中操作，而Illustrator 2022默认界面中则没有选项栏，但可以自己设置工具选项栏。在菜单栏右侧【基本功能】的下拉菜单中选择【传统基本功能】命令，即可切换到传统选项栏模式，如图1-16所示。根据用户选中的当前对象，列出相应的设置选项，以方便快速对当前对象进行属性设置或修改，例如，设置的【文字工具】选项栏如图1-17所示。

图 1-16　切换工作区模式

图 1-17　【文字工具】选项栏

1.4.3　工具箱

在工具箱中，集成了Illustrator 2022中常用的绘图工具按钮，移动鼠标指针到工具按钮上，短暂停留后，系统将显示此工具的名称，执行【窗口】→【工具栏】命令可以显示和关闭工具箱。

在工具按钮右下方的三角形上右击，打开命令菜单，显示此工具组的所有工具，移动鼠标指针到需要选择的工具上，释放鼠标后即可选择相应工具，如图 1-18 所示。

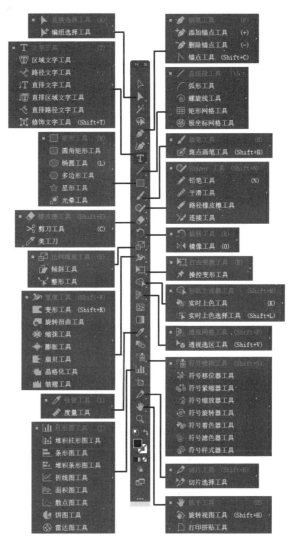

图 1-18　Illustrator 2022 工具箱

温馨
提示　　右击工具图标右下角的【展开】按钮▣，就会显示其他相似功能的隐藏工具；将鼠标指针停留在工具上，相应工具的名称将出现在鼠标指针下面的工具提示中；在键盘上按下相应的快捷键，即可从工具箱中自动选择相应的工具。

1.4.4　图像窗口

在绘图区域中，可以绘制并调整文件内容。需要注意的是，在进行文件打印或印刷输出时，只有将图形放置在相应的画板内，才能被正确输出。

1.4.5　状态栏

状态栏位于工作界面的底部，用于显示当前文件页面缩放比例和页面标识等信息，如果是多画板文件，还将显示出画板导航内容，用户可以快速设置页面缩放，并选择需要的画板，如图 1-19所示。

图 1-19　状态栏

1.4.6　浮动面板

浮动面板将某一方面的功能选项集成在一个面板中，方便用户对常用选项进行设置，例如，【渐变】面板如图 1-20 所示，【图层】面板如图 1-21 所示。Illustrator 2022 中多数浮动面板都可以在【窗口】菜单中进行显示或关闭。单击面板右上角的【扩展】按钮，可以打开面板快捷菜单，如图 1-22所示。

图 1-20　【渐变】面板

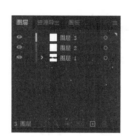

图 1-21　【图层】面板

图 1-22　面板快捷菜单

1.5　Illustrator 2022首选项参数设置

设置首选项参数可以指示 Illustrator 如何工作，包括工具、显示、标尺单位、用户界面和增效工具等设置，下面介绍一些常用的首选项参数设置。

1.5.1　【常规】选项

执行【编辑】→【首选项】→【常规】命令或按组合键【Ctrl+K】，将弹出【首选项】对话框，如图 1-23 所示。【常规】选项内容详解见表 1-2。

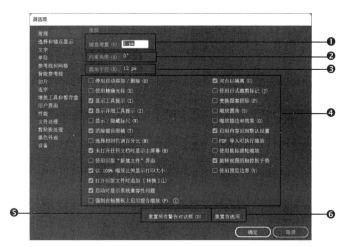

图 1-23　【常规】选项

表 1-2　【常规】选项内容详解

选项	功能介绍
❶ 键盘增量	在其文本框中输入数值表示通过键盘上的方向键移动图形的距离
❷ 约束角度	在其文本框中输入数值设置页面坐标的角度，默认值为 0°，表示页面保持水平垂直状态
❸ 圆角半径	在其文本框中输入数值，设置圆角矩形的默认圆角半径
❹ 多选项	需要相应选项时在复选框前单击选中，不需要该选项时单击复选框取消选中
❺ 重置所有警告对话框	可以通过选中"不再显示"而停用的所有警告对话框现在均已启用，并将在下次适用时显示
❻ 重置首选项	只有在重新启动 Illustrator 之后，首选项重置才会生效

1.5.2　【选择和锚点显示】选项

在【首选项】对话框中，选择【选择和锚点显示】选项，在该选项中，可以设置选择和锚点显示的相关参数，如图 1-24 所示。【选择和锚点显示】选项内容详解见表 1-3。

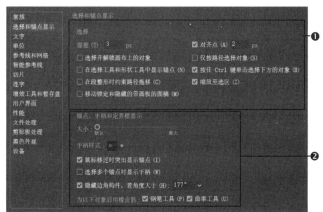

图 1-24　【选择和锚点显示】选项

表 1-3　【选择和锚点显示】选项内容详解

选项	功能介绍
❶【选择】组	设置选择的容差、对齐点及相应选项
❷【锚点、手柄和定界框显示】组	设置锚点的大小、手柄样式、锚点的显示、设置橡皮筋等内容

1.5.3　【文字】选项

在【首选项】对话框中，选择【文字】选项，在该选项中，可以设置文字的相关参数，如图 1-25 所示。【文字】选项内容详解见表 1-4。

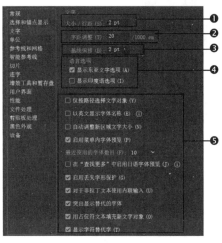

图 1-25　【文字】选项

表 1-4　【文字】选项内容详解

选项	功能介绍
❶大小／行距	在其文本框中输入数值可以设置文字的默认行距
❷字距调整	在其文本框中输入数值可以设置文字的默认字距
❸基线偏移	在其文本框中输入数值可以设置基线的默认位置
❹语言选项	选择语种选项
❺多选项	需要相应选项时在复选框前单击选中，不需要该选项时单击复选框取消选中

1.5.4　【单位】选项

在【首选项】对话框中，选择【单位】选项，在该选项中，可以设置单位的相关参数，如图 1-26 所示。【单位】选项内容详解见表 1-5。

表 1-5　【单位】选项内容详解

选项	功能介绍
❶常规	在其下拉列表框中，可以设置标尺的度量单位，默认为点（pt）
❷描边	在其下拉列表框中，可以设置描边宽度的单位
❸文字	在其下拉列表框中，可以设置文字的度量单位
❹东亚文字	在其下拉列表框中选择设置单位
❺对象识别依据	选择对象名称或字节为识别依据

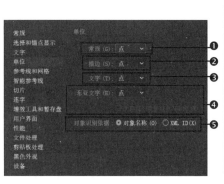

图 1-26　【单位】选项

温馨提示

Illustrator 2022 中默认度量单位是点（pt），1pt=0.3528mm，用户可以根据需要更改 Illustrator 用于常规度量、描边和文字的单位。

1.5.5 【参考线和网格】选项

在【首选项】对话框中，选择【参考线和网格】选项，在该选项中，可以设置参考线和网格的相关参数，如图 1-27 所示。【参考线和网格】选项内容详解见表 1-6。

表 1-6 【参考线和网格】选项内容详解

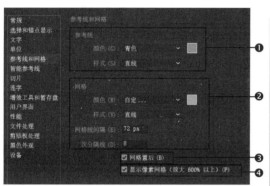

图 1-27 【参考线和网格】选项

选项	功能介绍
❶参考线	在【参考线】栏中，可以设置参考线的颜色、样式等属性
❷网格	在【网格】栏中，可以设置网格的颜色、样式、网格线间隔等参数
❸网格置后	选中【网格置后】复选框后，用户设置的网格坐标将位于文件最后面
❹显示像素网格	显示放大的像素网格

1.5.6 【智能参考线】选项

在【首选项】对话框中，选择【智能参考线】选项，在该选项中，可以设置智能参考线的相关参数，如图 1-28 所示。【智能参考线】选项内容详解见表 1-7。

表 1-7 【智能参考线】选项内容详解

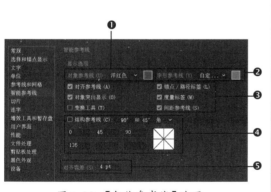

图 1-28 【智能参考线】选项

选项	功能介绍
❶对象参考线	设置对象参考线的颜色、样式等属性
❷字形参考线	设置字形参考线的颜色、样式等属性
❸多选项	需要设置对齐参考线、锚点/路径标签、对象突出显示、度量标签、变换工具、间距参考线时，在复选框前单击选中，不需要该选项时单击复选框取消选中
❹结构参考线	在【结构参考线】栏中，可以设置结构参考线网格的角度
❺对齐容差	在【对齐容差】栏中，可以设置容差参数

1.5.7 【切片】选项、【连字】选项

在【首选项】对话框中，选择【切片】选项，在该选项中，可以设置切片的相关参数，如图 1-29 所示。选择【连字】选项，在该选项中，可以设置连字的相关参数，如图 1-30 所示。【切片】【连字】选项内容详解见表 1-8。

图 1-29 【切片】选项

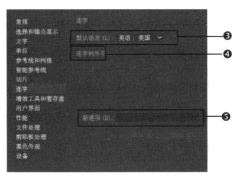

图 1-30 【连字】选项

表 1-8 【切片】【连字】选项内容详解

选项	功能介绍
❶显示切片编号	设置是否显示切片编号
❷线条颜色	设置切片线条颜色
❸默认语言	设置连字默认语言
❹连字例外项	下方文本框中显示的内容,不连字
❺新建项	新建选项

1.5.8 【增效工具和暂存盘】选项

在【首选项】对话框中,选择【增效工具和暂存盘】选项,在该选项中,可以设置增效工具和暂存盘的相关参数,如图 1-31 所示。【增效工具和暂存盘】选项内容详解见表 1-9。

表 1-9 【增效工具和暂存盘】选项内容详解

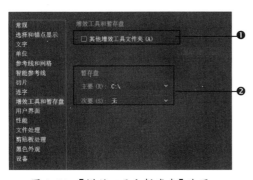

图 1-31 【增效工具和暂存盘】选项

选项	功能介绍
❶其他增效工具文件夹	通常情况下,软件安装后会自动定义好相应的增效工具文件夹,选中此复选框后,单击【选取】按钮,在弹出的对话框中可以重新选择增效工具文件夹
❷暂存盘	在【暂存盘】栏中,可以设置【主要】和【次要】暂存盘,用户应该根据系统的硬盘存储量进行选择,尽量不要选择系统盘作为暂存盘,以免影响运行速度

1.5.9 【用户界面】选项

在【首选项】对话框中,选择【用户界面】选项,在该选项中,可以设置用户界面的相关参数,如图 1-32 所示。【用户界面】选项内容详解见表 1-10。

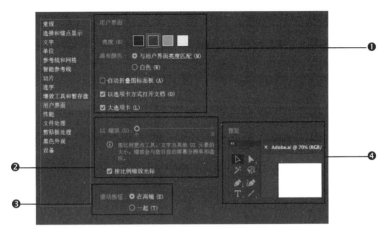

图 1-32　【用户界面】选项

表 1-10　【用户界面】选项内容详解

选项	功能介绍
❶【用户界面】组	设置当前工作界面的亮度、画布颜色、图标面板显示、打开文档的方式、大选项卡
❷【缩放】组	设置按比例缩放大小的效果，缩放会与目前的屏幕分辨率相适应
❸滚动按钮	设置滚动按钮的操作效果
❹【预览】框	预览当前设置效果

课堂问答

问题 1：如何显示与隐藏面板？

答：在实际操作中，为了实时观察和绘制图形，需要对面板进行显示或隐藏，按键盘上的【Tab】键，可以显示或隐藏工具选项栏、工具箱和所有浮动面板。按组合键【Shift+Tab】，可以显示或隐藏浮动面板。

问题 2：生活中有哪些常用图像分辨率？

答：图像分辨率越高，所包含的像素越多，也就是图像的信息量越大，因而文件也就越大。如果图像用于电子媒体，可以将分辨率设置为 72 像素 / 英寸，这样可以减小文件的大小，提高传输和下载速度；如果图像用于打印或印刷，则一般设置为 300 像素 / 英寸。根据需求和用途不同，图像分辨率可进行相应设置。

问题 3：如何恢复默认面板位置？

答：如果当前工作区为基本功能区，执行【窗口】→【工作区】→【重置基本功能】命令，可以恢复默认基本功能区面板位置。其他工作区的操作方法相似。

上机实战——启动 Illustrator 2022 并设置暂存盘

为了巩固本章所学知识点，下面讲解一个技能综合案例，使读者对本章的知识有更深入的了解。效果展示如图 1-33 和图 1-34 所示。

效果展示

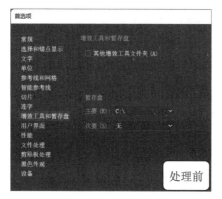

图 1-33 默认暂存盘

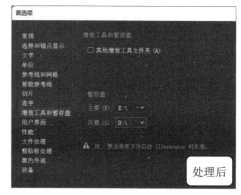

图 1-34 设置暂存盘

思路分析

使用 Illustrator 2022 进行图形绘制，首先要启动 Illustrator 2022 软件。合理设置暂存盘，可以提高软件工作效率。下面介绍如何启动 Illustrator 2022，并设置暂存盘。

本例首先启动 Illustrator 2022 软件，接下来设置系统暂存盘，退出 Illustrator 2022 应用程序后，再次启动程序完成设置。

制作步骤

步骤 01 安装 Illustrator 2022 程序后，单击 Windows 窗口中的 Illustrator 2022 图标，启动过程中会出现启动界面，如图 1-35 所示。

步骤 02 程序启动完成，将进入 Illustrator 2022 工作界面的【欢迎】界面，如图 1-36 所示。

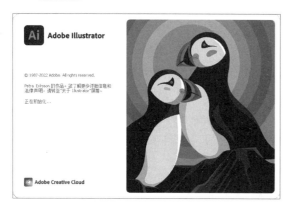

图 1-35 启动界面

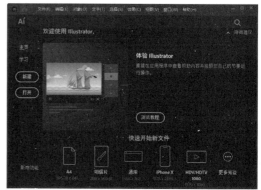

图 1-36 【欢迎】界面

步骤 03 执行【编辑】→【首选项】→【增效工具和暂存盘】命令，如图 1-37 所示。

步骤 04 弹出【首选项】对话框，如图 1-38 所示。

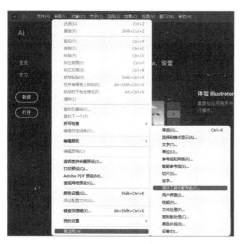

图 1-37　执行命令

图 1-38　【首选项】对话框

步骤 05 将【暂存盘】设置为非 C 盘，如可设置【主要】暂存盘为 E 盘，【次要】暂存盘为 D 盘，如图 1-39 所示。

步骤 06 执行【文件】→【退出】命令，或者单击窗口右上角的【关闭】按钮 ✕，退出 Illustrator 2022 程序。

步骤 07 再次启动 Illustrator 2022 程序后，执行【编辑】→【首选项】→【增效工具和暂存盘】命令，弹出【首选项】对话框，可以看到主要暂存盘被设置为 E盘，次要暂存盘被设置为 D 盘。

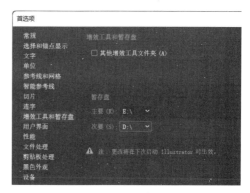

图 1-39　设置暂存盘

🌐 同步训练——更改操作界面的亮度值

通过上机实战案例的学习，为了增强读者的动手能力，下面安排一个同步训练案例，让读者达到举一反三、触类旁通的学习效果。

图解流程

原界面

浅色界面

思路分析

首次启动Illustrator 2022时，操作界面是灰色的，可以根据需要改为其他颜色，比如浅色。本例首先弹出【首选项】对话框，更改操作界面的亮度值，得到更加舒适的工作环境。

关键步骤

步骤01 启动Illustrator 2022，进入Illustrator 2022工作界面。首次启动时，Illustrator 2022默认为灰色界面。

步骤02 执行【编辑】→【首选项】→【用户界面】命令，弹出【首选项】对话框，在【用户界面】栏中，选择【亮度】为浅色，单击【确定】按钮。

步骤03 通过前面的操作，Illustrator 2022工作界面将变为浅色。

知识能力测试

本章讲解了Illustrator 2022的基础知识，为对知识进行巩固和考核，接下来布置相应的练习题。

一、填空题

1. 在常用图像文件格式中，_____文件格式采用有损压缩方式，具有较好的压缩效果，但是会损失图像的某些细节。

2. 在计算机绘图设计领域中，图像基本上可分为_____和_____两类，它们各有优缺点，用户应根据需要进行选择。

3. 由于Illustrator更擅长处理_____，因此在设计制作平面广告时，通常会先在Photoshop等位图软件中处理好图像，再在Illustrator 2022中进行矢量图部分的处理。

二、选择题

1. ( )是Illustrator默认的图形文件格式，使用Illustrator、CorelDRAW、FreeHand、Flash等软件都可以对其打开进行编辑。

A. AI　　　　B. JPG　　　　C. PSD　　　　D. TIF

2. 使用( )轻松了解新增功能并快速获取帮助。

A.【主页】面板　　B.【发现】面板　　C.【学习】面板　　D.【帮助】面板

3. RGB颜色也被称为( )，因为通过将R、G、B混合在一起可产生白色。

A. RGB模式　　B. CMYK模式　　C. 加色模式　　D. 减色模式

三、简答题

1. 什么是矢量图，它和位图的主要区别是什么？

2. EPS文件格式可以存储哪些文件内容？

Illustrator 2022

第2章
Illustrator 2022入门操作

在绘图之前，会用到一些基本的文件操作方法，例如，文件和页面管理、视图控制、辅助工具的应用等。本章将具体介绍 Illustrator 2022 文件操作、对象操作、视图及页面辅助工具等知识。

学习目标

- 熟练掌握基础文件操作
- 熟练掌握选择工具的使用方法
- 熟练掌握图形移动和复制的方法
- 熟练掌握设置显示状态的方法
- 熟练掌握创建画板的方法
- 熟练掌握页面辅助工具的使用方法

2.1 基础文件操作

基础文件操作包括新建、打开、保存及置入文件等，掌握这些知识，可以为以后的深入学习打下一个良好的基础。

2.1.1 新建空白文件

启动 Illustrator 2022 后，打开 Illustrator 主屏幕，如图 2-1 所示。执行【新建】命令，或者按组合键【Ctrl+N】，打开【新建文档】对话框，如图 2-2 所示。在对话框中，可以设置与新文件相关的选项，完成设置后，单击【创建】按钮即可新建一个空白文件。【新建文档】面板内容详解见表 2-1。

图 2-1 【主屏幕】对话框

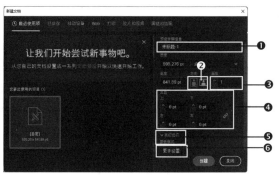

图 2-2 【新建文档】对话框

表 2-1 【新建文档】面板内容详解

选项	功能介绍
❶名称	为新建空白文件命名
❷方向	设置绘图页面的摆放方向
❸画板	设置新建文件中画板的数量
❹出血	制作印刷品时，文件四周的出血范围
❺高级选项	可设置颜色模式、光栅效果、预览模式等
❻更多设置	其实就是老版本的新建文件界面

2.1.2 从模板新建

Illustrator 2022 为用户准备了大量实用的模板文件，通过模板文件可以快速创建专业领域的文件模板，执行【文件】→【从模板新建】命令即可，如图 2-3 所示。

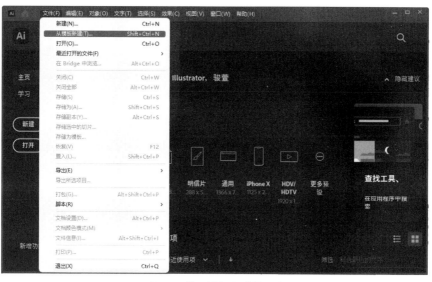

图 2-3　【从模板新建】操作

2.1.3　打开目标文件

在 Illustrator 2022 中，打开目标文件的方法与其他应用程序相同，具体操作方法如下。

步骤 01　启动 Illustrator 2022 打开 Illustrator 主屏幕，执行【文件】→【打开】命令，或者按组合键【Ctrl+O】，打开【打开】对话框，选择需要打开的文件，单击【打开】按钮，如图 2-4 所示。

步骤 02　打开目标文件"春天的花卡 1.eps"，如图 2-5 所示。

图 2-4　【打开】对话框

图 2-5　打开目标文件

技能拓展　按组合键【Ctrl+O】，打开【打开】对话框。选择文件时，按住【Shift】键单击目标文件，可选择多个连续文件；按住【Ctrl】键单击，可选择不连续的文件。

2.1.4 存储文件

对文件进行编辑和修改后，必须保存才能与其他用户进行共享，所以在制作完成设计作品后文件的保存非常重要，下面介绍几种常用的文件保存方式。

1.【存储】命令

使用【存储】命令存储文件的具体操作步骤如下。

步骤 01　执行【文件】→【存储】命令或按组合键【Ctrl+S】，弹出【存储为】对话框，在下拉列表框中选择存储文件的路径，在【保存类型】下拉列表框中选择需要保存的类型，在【文件名】文本框中输入文件名称，单击【保存】按钮，如图 2-6 所示。

步骤 02　在弹出的【Illustrator 选项】对话框中，设置需要存储文件的版本、字体和其他参数，单击【确定】按钮即可完成文件的存储，如图 2-7 所示。

图 2-6　【存储为】对话框

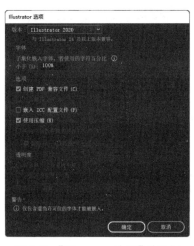

图 2-7　【Illustrator 选项】对话框

2.【存储为】命令

执行【文件】→【存储为】命令或按组合键【Shift+Ctrl+S】，弹出【存储为】对话框，【存储为】命令和【存储】命令的区别在于，【存储为】命令在保留原始文件的情况下，将修改后的文件另存为一个副本文件。

3.【存储为模板】命令

执行【文件】→【存储为模板】命令，弹出【存储为】对话框，在对话框中选择存储模板的位置，设置文件名和保存类型，单击【确定】按钮，即可将文件存储为模板文件。

2.1.5 关闭文件

保存文件后，即可关闭该文件，以节约内存空间，提高工作效率。执行【文件】→【关闭】命令或按组合键【Ctrl+W】，即可关闭当前文件。

2.1.6 置入/导出文件

Illustrator 2022 允许用户置入其他格式的文件，置入文件后，还可以通过【链接】面板选择和更新链接文件；用户还可以通过执行【导出】命令将文件以其他格式和名称进行保存。

课堂范例——置入和导出图形文件

在图形图像处理过程中，经常遇到图形软件中要处理图像，或者要把图形存储为图像的情况，在 Illustrator 2022 中，可以通过【置入】命令和【导出】命令来实现，具体操作方法如下。

步骤 01 执行【文件】→【置入】命令，打开【置入】对话框，如图 2-8 所示，在【查找范围】下拉列表框中选择需要置入文件的位置，选择文件，单击【置入】按钮，鼠标指针变为 形状，该形状代表进入了置入图形状态。

步骤 02 在文档窗口中拖动鼠标到要放置图形的位置，释放鼠标后，图形置入 Illustrator 2022 中，如图 2-9 所示。

步骤 03 完成图形编辑后，执行【文件】→【导出】命令，打开【导出】对话框，设置存储路径，在【保存类型】下拉列表框中选择 JPEG，在【文件名】文本框中输入文件名称，单击【导出】按钮，如图 2-10 所示。

图 2-8 【置入】对话框

图 2-9 置入图形状态

图 2-10 【导出】对话框

步骤 04 在【JPEG 选项】对话框中使用默认参数，单击【确定】按钮，如图 2-11 所示。

图 2-11 【JPEG 选项】对话框

温馨提示 【置入】命令是将外部文件添加到当前图像编辑窗口中，不会单独出现窗口；而【打开】命令所打开的文件则会单独位于一个独立的窗口中。

2.2 选择工具的使用

在绘图过程中，需要选择图形进行编辑。Illustrator 2022 提供了多种选择工具，下面分别进行讲述。

2.2.1 选择工具

【选择工具】 可以快速选择整个路径或图形。在选择对象时，可以通过单击的方法来进行选择，如图 2-12 所示；也可以通过拖动鼠标形成矩形框的方法来选择对象，如图 2-13 所示。

图 2-12　单击选择对象　　　　　　　　　　图 2-13　框选对象

2.2.2 直接选择工具

使用【直接选择工具】 ，可以选择对象，如图 2-14 所示。通过单击或框选方法可以快速选择编辑对象中的任意一个图形、路径中的任意一个锚点或某个路径上的线段。例如，选择锚点，如图 2-15 所示。选择并拖动线段，如图 2-16 所示。

图 2-14　选择对象　　　　图 2-15　选择锚点　　　　图 2-16　拖动线段

2.2.3 编组选择工具

编组是选择多个图形后，将其编入一个组中。使用【编组选择工具】 可以选择编组的图形对象，具体操作步骤如下。

步骤 01　打开"素材文件\第 2 章\女孩.ai"，使用【选择工具】单击选择对象，如图 2-17 所示。

步骤 02　框选需要编组的所有对象，如图 2-18 所示。

步骤 03　在对象上右击，在快捷菜单中单击【编组】命令，如图 2-19 所示。

图 2-17　单击选择对象　　　　图 2-18　框选对象　　　　图 2-19　单击【编组】命令

步骤 04　在【直接选择工具】上右击，选择【编组选择工具】命令，如图 2-20 所示。

步骤 05　在对象上单击选择对象，如图 2-21 所示。

步骤 06　在已选择的对象上单击，即可选择编组的对象，如图 2-22 所示。

图 2-20　选择工具命令　　　　图 2-21　选择对象　　　　图 2-22　选择编组对象

技能拓展

　执行【编组选择工具】命令时，单击可以选择编组图形中的一个图形，双击可以选择这个图形编组中的所有图形，三击可以选择更大的编组图形。

2.2.4　魔棒工具

使用【魔棒工具】可以选择图形中具有相同属性的对象，如描边颜色、不透明度和混合模式等属性。使用【魔棒工具】的具体操作步骤如下。

步骤 01　打开"素材文件\第 2 章\山峰.ai"，如图 2-23 所示。

步骤 02 双击【魔棒工具】，打开【魔棒】面板，选中【填充颜色】复选框，设置【容差】为 20，如图 2-24 所示。

步骤 03 使用【魔棒工具】在白色图形上单击，如图 2-25 所示。

步骤 04 通过前面的操作，可选中图形中所有的白色图形，如图 2-26 所示。

图 2-23　打开素材　　　图 2-24　【魔棒】面板　　　图 2-25　单击一个　　　图 2-26　选中所有的
　　　　　　　　　　　　　　　　　　　　　　　　　　　　　白色图形　　　　　　　白色图形

2.2.5 套索工具

【套索工具】用于选择锚点、路径和整体图形。该工具可以拖动出自由形状的选区，如图 2-27 所示；【套索工具】特别适合用于选择复杂图形，只要与拖动选框有接触的图形都会被选择，如图 2-28 所示。

图 2-27　拖动鼠标　　　　　　　　　　　　　图 2-28　选择目标图形

2.2.6 使用菜单命令选择图形

选择对象后，执行【选择】→【相同】命令，即可选择与所选对象具有相同属性的其他图形。

2.3 图形的移动和复制

完成对象绘制后，可以根据需要移动、复制对象，用户可以通过多种方法移动和复制图形对象。

2.3.1 移动对象

选择对象后，拖动鼠标左键，即可移动相应的图形对象。此外，用户还可以精确移动对象，具体操作步骤如下。

步骤01 打开"素材文件\第2章\女孩.ai"，使用【选择工具】单击选择图形，如图2-29所示。

步骤02 双击【选择工具】，或执行【对象】→【变换】→【移动】命令，弹出【移动】对话框，选中【预览】复选框，设置参数值，单击【确定】按钮，如图2-30所示。

步骤03 通过前面的操作，移动图形位置，如图2-31所示；效果如图2-32所示。

图2-29 选择图形

图2-30 设置内容

图2-31 移动图形

图2-32 显示效果

在【移动】对话框中可设置相应内容，如图2-33所示。【移动】对话框常用的参数见表2-2。

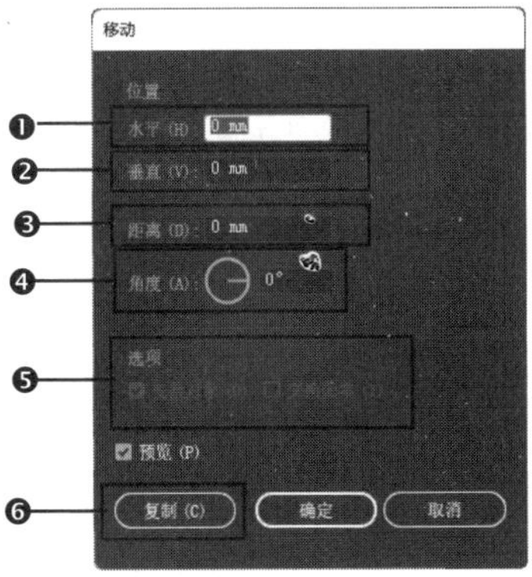

表2-2 【移动】对话框常用的参数

选项	功能介绍
❶水平	指定对象在水平方向的移动距离，正值表示向右移动，负值表示向左移动
❷垂直	指定对象在垂直方向的移动距离，正值表示向下移动，负值表示向上移动
❸距离	显示要移动的距离大小
❹角度	显示移动的角度
❺选项	选中【变换对象】复选框，表示变换图形；选中【变换图案】复选框，表示变换图形中的图案填充
❻复制	单击该按钮，将按所选参数复制出一个移动图形

图2-33 【移动】对话框

2.3.2 复制对象

当需要创建相似对象时，可以通过复制的方法来实现。除了在【移动】对话框中单击【复制】按钮外，还可以通过以下两种方法进行操作。

方法一：选择对象后，执行【编辑】→【复制】命令或按组合键【Ctrl+C】复制对象，按组合键【Ctrl+V】粘贴即可。执行【编辑】→【粘在前面】命令或按组合键【Ctrl+F】，可以将复制的对象粘贴到原对象的上面；执行【编辑】→【粘在后面】命令或按组合键【Ctrl+B】，可以将复制的对象粘贴到原对象的下面。

方法二：选择对象，按住组合键【Alt+Shift】拖动鼠标，可水平或垂直复制对象。按组合键【Ctrl+D】，可再复制对象。

> **技能拓展**
>
> 选择对象后，按键盘上的【↑】【↓】【←】【→】键，可将对象微移1个点的距离。如果同时按住【Shift】键，则可以移动10个点的距离。按住【Alt】键拖动对象，鼠标指针会变为▶形状，释放鼠标后，可以快速复制对象。

📖 课堂范例——制作艺术餐盘

本案例主要通过制作艺术餐盘效果，熟练应用【复制】命令和【移动】命令，具体操作步骤如下。

步骤 01 打开"素材文件\第2章\制作艺术餐盘.ai"，使用【选择工具】▷选择画板区域的图形对象，如图2-34所示。

步骤 02 在对象上右击，在弹出的快捷菜单中单击【编组】命令，如图2-35所示。

步骤 03 使用【选择工具】▷框选彩色圆圈，如图2-36所示。

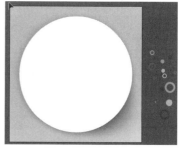
图2-34 打开素材选择对象

步骤 04 在工具栏的【选择工具】▷上双击，弹出【移动】对话框，设置移动位置和角度，单击【确定】按钮，如图2-37所示。

图2-35 单击【编组】命令

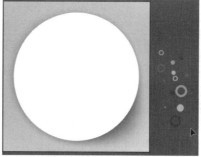
图2-36 框选彩色圆圈

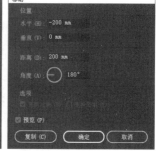
图2-37 【移动】对话框

步骤 05 单击选择一个大圆，如图2-38所示。

步骤 06 移动到适当位置，单击选择小圆，如图2-39所示。

步骤 07 移动到上一个大圆的中心位置，如图2-40所示。

图 2-38　选择对象

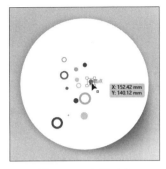

图 2-39　选择对象

图 2-40　移动对象

步骤 08　使用相同的方法移动各大圆，如图 2-41 所示。

步骤 09　使用相同的方法移动各小圆，如图 2-42 所示。

步骤 10　移动调整完成后，效果如图 2-43 所示。

图 2-41　移动大圆

图 2-42　移动小圆

图 2-43　显示效果

2.4　设置显示状态

在绘制图形时，需要放大或缩小窗口的显示比例、移动显示区域，这样，可以帮助用户更加精确地进行编辑。Illustrator 2022 提供了多种视图控制方式，下面分别进行介绍。

2.4.1　切换屏幕模式

为了方便用户绘图与查看，Illustrator 2022 为用户提供了多种屏幕显示模式。单击工具箱底部的【更改屏幕模式】按钮，在弹出的下拉菜单中提供了 3 种命令用于切换屏幕模式。

1. 正常屏幕模式

正常屏幕模式是默认的屏幕模式，它可以完整地显示菜单栏、浮动面板、工具箱、滚动条等。在这种屏幕模式下，文档窗口以最大化的形式显示，如图 2-44 所示。

2. 带有菜单栏的全屏模式

在这种模式下，只显示菜单栏、工具箱和浮动面板，文档窗口将以最大化的形式显示。这样有利于更大空间地查看和编辑图形，如图 2-45 所示。

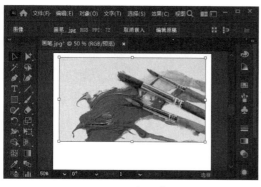

图 2-44　正常屏幕模式

图 2-45　带有菜单栏的全屏模式

3. 全屏模式

全屏模式显示没有标题栏和菜单栏，只有滚动条的全屏窗口，以屏幕最大区域显示图形，如图 2-46 所示。将鼠标指针移到屏幕边缘，会自动滑出工具箱或浮动面板，如图 2-47 所示。

图 2-46　全屏模式

图 2-47　滑出浮动面板

按【F】键可在各个屏幕模式之间切换。

2.4.2　改变显示模式

在 Illustrator 2022 中，对象有 4 种显示模式，包括在 CPU 上预览、轮廓、叠印预览和像素预览。下面分别进行介绍。

1. 在 CPU 上预览

该模式是默认模式，但并不出现在【视图】菜单中，在此模式下，能够显示图形对象的颜色、阴影和细节等，将以最接近打印后的效果来显示对象，如图 2-48 所示。

2. 轮廓

该模式只显示图形的轮廓线，没有颜色显示，在该显示状态下制图，可减短屏幕刷新时间，大大节约了绘图时间。执行【视图】→【轮廓】命令或按组合键【Ctrl+Y】，可以查看图形轮廓，如图 2-49 所示。

图 2-48　预览模式　　　　图 2-49　轮廓模式

3. 叠印预览

该模式显示叠印或挖空后的实际印刷效果，以防止出现设置错误。执行【视图】→【叠印预览】命令或按组合键【Shift+Ctrl+Y】，可以将图形作为叠印预览查看。

4. 像素预览

该模式是以位图的形式显示图形。执行【视图】→【像素预览】命令或按组合键【Alt+Ctrl+Y】，可以将图形作为像素预览查看。

2.4.3　改变显示大小和位置

使用【缩放工具】 和【抓手工具】 可以对视图进行缩小和放大，并移动视图的位置，下面分别进行介绍。

1. 缩放工具

单击【缩放工具】 ，将鼠标指针移动到图形上，单击鼠标即可放大视图；按住【Alt】键单击鼠标缩小视图。如果想查看一定范围内的对象，可以按住并拖动鼠标，拖出一个选框，如图 2-50 所示。释放鼠标，选框内的对象就会被放大，如图 2-51 所示。

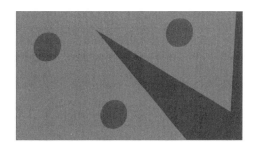

图 2-50　拖动鼠标　　　　　　图 2-51　放大视图

技能
拓展

　按【Z】键可以激活【缩放工具】 ；双击工具箱中的【缩放工具】 ，可将图形以 100% 的比例显示；按组合键【Ctrl+0】即可在当前屏幕中最大化显示图形。按住鼠标中键不放移动即可平移图形。

2. 抓手工具

当窗口不能显示完整图形时，使用【抓手工具】可以调整图形的视图位置，选择【抓手工具】，拖动鼠标到目标位置即可。原视图如图 2-52 所示，移动视图如图 2-53 所示。

> **技能拓展**　在使用其他大部分工具时，按住键盘上的空格键都可以暂时切换为【抓手工具】。

图 2-52　原视图

图 2-53　移动视图

2.5　创建画板

画板和画布是用于绘图的区域。画板内部的图形能够被打印，画板外称为画布，位于画布上的图形不会被打印，下面介绍如何创建画板。

2.5.1　画板工具

使用【画板工具】可以创建画板、调整画板大小和移动画板。选择【画板工具】，选项栏的常用参数如图 2-54 所示。【画板】选项栏内容详解见表 2-3。

图 2-54　【画板】选项栏

表 2-3　【画板】选项栏内容详解

选项	功能介绍
❶预设	指定画板尺寸，这些预设为指定输出设置了对应的像素长宽比
❷方向	指定画板方向
❸新建画板	单击该按钮，将以当前参数创建画板
❹画板名称	设置画板名称

续表

选项	功能介绍
❺移动/复制带画板的图稿	单击该按钮，可以移动画板和画板中的图形；按住【Alt】键并拖动一个画板，即可复制画板和画板中的图形
❻画板选项	单击该按钮，打开【画板选项】对话框，在对话框中可以设置参考标记和画板大小
❼参考点	选择参考点，可以设置移动画板时的参考位置
❽X、Y值	根据Illustrator 2022 工作区标尺来定义画板位置
❾宽、高度值	用于设置画板大小

选择【画板工具】，按住鼠标左键不放在绘图区域拖动，释放鼠标后，即可创建一个新画板，如图 2-55 所示。

图 2-55　创建新画板

2.5.2　【画板】面板和【重新排列所有画板】对话框

使用【画板】面板可以添加和删除画板、重新调整画板顺序，还可以更改画板名称等，执行【窗口】→【画板】命令，即可打开【画板】面板，如图 2-56 所示。

执行【对象】→【画板】→【重新排列】命令，即可打开【重新排列所有画板】对话框，在该对话框中可以选择画板的布局方式，如图 2-57 所示。

图 2-56　【画板】面板

图 2-57　【重新排列所有画板】对话框

2.6 使用页面辅助工具

在图像绘制过程中，通过网格、参考线等辅助工具，可以快速、准确地组织和调整图像对象，使操作变得更加简单和精确。

2.6.1 标尺

标尺可以帮助用户在窗口中精确地移动对象及测量距离。执行【视图】→【标尺】→【显示标尺】命令或按组合键【Ctrl+R】，窗口顶部和左侧会显示标尺，如图 2-58 所示。执行【视图】→【标尺】→【显示视频标尺】命令，会显示视频标尺，如图 2-59 所示。

图 2-58 【显示标尺】选项

图 2-59 【显示视频标尺】选项

2.6.2 参考线

参考线可以帮助用户对齐文本和图形对象。显示标尺后，移动鼠标指针到标尺上，如图 2-60 所示。单击并拖动鼠标可快速创建参考线，如图 2-61 所示。

图 2-60 指向标尺

图 2-61 创建参考线

技能拓展　执行【视图】→【参考线】命令，在展开的子菜单中，可以选择相应命令隐藏、锁定、释放和清除参考线。

2.6.3 智能参考线

执行【视图】→【智能参考线】命令或按组合键【Ctrl+U】，开启智能参考线功能，在图形移动、调整或转换过程中，系统将自动寻找路径、交叉点和图形位置，如图 2-62 所示。

图 2-62 智能参考线

2.6.4 对齐点

执行【视图】→【对齐点】命令，可以启用点对齐功能，此后移动对象时，可将其对齐到锚点和参考线上，如图 2-63 所示。

2.6.5 网格工具

网格是一系列交叉的虚线或点，可以用于在绘图窗口中精确地对齐和定位对象，执行【视图】→【显示网格】命令或按组合键【Ctrl+"】，可以快速显示网格，如图 2-64 所示。

> **技能拓展**
> 执行【视图】→【隐藏网格】命令，即可隐藏在显示的网格，若要网格显示在图片后面，可以按组合键【Ctrl+K】在【参考线和网格】首选项中选中【网格置后】选项。

2.6.6 度量工具

在【吸管工具】上右击，单击【度量工具】，使用【度量工具】可以测量任意两点之间的距离，选择【度量工具】后，在对象上拖动鼠标即可，测量结果会显示在【信息】面板中，如图 2-65 所示。

图 2-63 对齐点

图 2-64 显示网格

图 2-65 测量距离

课堂问答

问题 1：如何全选、反选和重新选择图形？

答：执行【选择】→【全部】命令，可以选择文件中所有画板上的全部对象。执行【选择】→【现用画板上的全部对象】命令，可以选择当前画板上的全部对象。

选择对象后，执行【选择】→【取消选择】命令，或在画板空白处单击，可以取消选择。取消选择后，如果要恢复上一次的选择，可以执行【选择】→【重新选择】命令。

选择对象后，执行【选择】→【反向】命令，可以取消原有对象的选择，而选择所有未被选中的对象。

问题2：如何使用透明度网格?

答：透明度网格可以帮助查看图形中包含的透明区域。原效果如图2-66所示，执行【视图】→【显示透明度网格】命令，将显示透明度网格。通过透明度网格可以清晰地观察图形的透明效果，如图2-67所示。

 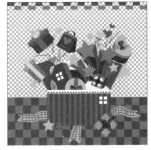

图2-66　原效果　　　图2-67　显示透明度网格

📇 上机实战——创建双画板文件

在学习完本章内容后，为让读者巩固本章知识点，下面讲解一个技能综合案例，使读者对本章的知识有更深入的了解。效果展示如图2-68所示。

效果展示

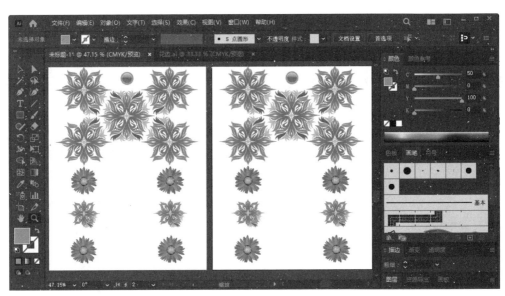

图2-68　显示效果

思路分析

利用双画板可以在一个文件中制作多个设计图形，放置在不同的画板中，方便对文件进行管理。

本例首先创建多画板文件，接下来置入图形文件，复制图形并放置在不同的画板中，调整画板大小后放大视图，完成制作。

制作步骤

步骤01　执行【文件】→【新建】命令，在打开的【新建文档】对话框中，设置【名称】为多画板文件，【画板】数量为2，单击【创建】按钮，如图2-69所示。

步骤02　即可创建包括两个画板的文件，如图2-70所示。

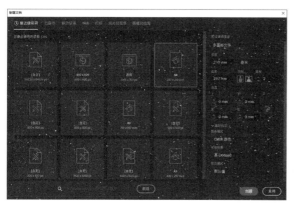

图 2-69 【新建文档】对话框

图 2-70 两个画板文件

步骤 03 执行【文件】→【打开】命令，打开"素材文件/第 2 章/花边.ai"，如图 2-71 所示。

步骤 04 选择【选择工具】，单击选择花边图形，按组合键【Ctrl+C】复制图形。切换回双画板文件中，按组合键【Ctrl+V】粘贴图形，如图 2-72 所示。

图 2-71 打开文件

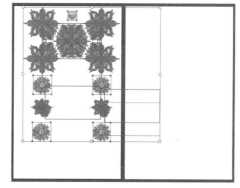

图 2-72 复制粘贴图形

步骤 05 执行【视图】→【智能参考线】命令，启用智能参考线功能，按住【Alt】键，拖动复制图形，如图 2-73 所示。

步骤 06 释放鼠标后，得到复制图形，如图 2-74 所示。

图 2-73 拖动图形

图 2-74 复制图形

步骤 07　选择【画板工具】，在选项栏中设置【参考点】为中上方，设置【高】为 260mm，如图 2-75 所示。

图 2-75　设置选项

步骤 08　通过前面的操作，更改"画板 1"的高度，如图 2-76 所示。

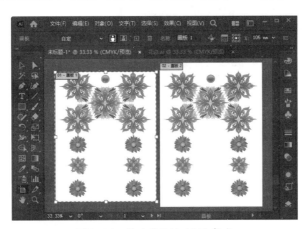

图 2-76　更改"画板 1"的高度

步骤 09　在【画板】面板中选择"画板 2"，使用更改"画板 1"相同的方法更改"画板 2"的高度，选择【缩放工具】，在画板位置拖动，放大视图观察效果，如图 2-77 所示。

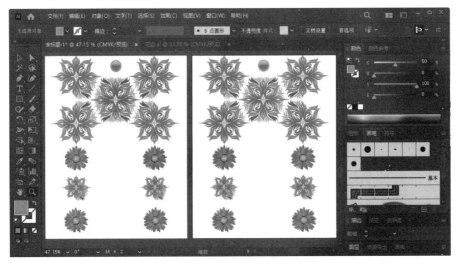

图 2-77　更改"画板 2"高度并放大视图

⊕ **同步训练——创建模板文件**

通过上机实战案例的学习，为了增强读者的动手能力，下面安排一个同步训练案例，让读者达到举一反三、触类旁通的学习效果。

图解流程

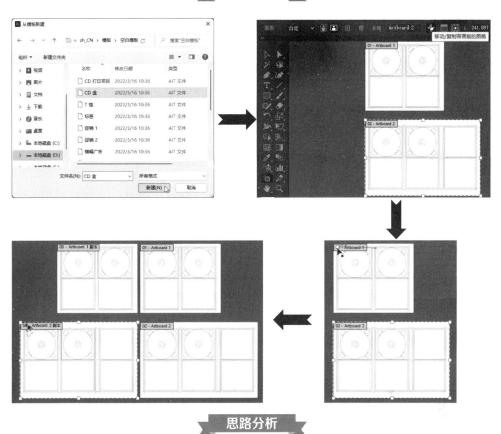

思路分析

　　使用模板文件可以根据需要，快速创建常用的商业模板文件，如红包、名片、横幅广告等，该操作可以简化工作步骤，提高工作效率。

　　本例首先使用【从模板新建】命令创建模板文件，接下来复制画板和图稿，最后平移视图完成操作。

关键步骤

步骤 01　　启动 Illustrator 2022，进入 Illustrator 2022 工作界面，执行【文件】→【从模板新建】命令，在"空白模板"文件夹中选择"CD盒"，单击【新建】按钮。

步骤 02　　系统自动创建CD盒模板文件，单击【画板工具】。

步骤 03　　在选项栏中单击【移动/复制带画板的图稿】按钮。

步骤 04　　按住【Alt】键，在画板左上角名称上拖动上方的画板到左侧，释放鼠标，复制画板和画板内的图稿。

步骤 05　　按住【Alt】键，在画板左上角名称上拖动下方的画板到左侧，释放鼠标，复制画板和画板内的图稿。

步骤 06 选择【抓手工具】🖐，移动视图，显示所有画板。

知识能力测试

本章讲解了 Illustrator 2022 的基本操作，为对知识进行巩固和考核，接下来布置相应的练习题。

一、填空题

1. 在 Illustrator 2022 中有四种视图方式，包括 _____、_____、_____、_____。

2. _____ 可以帮助用户对齐文本和图形对象。

3. 选择【编组】图形时，_____选择编组图形中的一个图形，_____选择这个图形编组中的所有图形，_____选择更大的编组图形。

二、选择题

1. 移动对象时，按住（　　）再拖动鼠标，则可以沿着水平、垂直或对角线方向移动。

A.【Ctrl】键　　　　　　B.【Shift】键　　　　　　C.【Enter】键　　　　　　D.【Alt】键

2. 按（　　）可在各个屏幕模式之间切换。

A.【W】键　　　　　　B.【Ctrl】键　　　　　　C.【F】键　　　　　　D.【M】键

3.（　　）可以快速选择整个路径或图形。在选择对象时，可以通过单击的方法选择，也可以使用鼠标拖动形成矩形框的方法选择对象。

A.【直接选择工具】▶　　　　　　　　　B.【魔棒工具】✦

C.【编组选择工具】▶　　　　　　　　　D.【选择工具】▶

三、简答题

1. 预览模式的特点是什么？

2. 在 Illustrator 2022 中，对象移动 1 个点和移动 10 个点的方法分别是什么？

Illustrator 2022

几何图形是由点、线、面组合而成的。任何复杂的几何图形，都可以分解为点、线、面的组合。本章将详细介绍如何使用图形工具绘制基本几何图形，如直线、曲线、螺旋线、矩形网格、矩形、圆角矩形、多边形、星形及光晕等。

学习目标

- 熟练掌握线条绘图工具的使用方法
- 熟练掌握基本绘图工具的使用方法

3.1 线条绘图工具的使用

线条分为直线段、弧线，以及由线条组合的各种图形。用户可以根据要求选择不同的线条工具，进行各种线条的绘制。

3.1.1 直线段工具

使用【直线段工具】 可以绘制各种方向的直线。选择该工具后，将鼠标指针定位至线段的起始位置，单击并拖动线段至线段结束位置即可。

如果要创建固定长度和角度的直线，可选择该工具在画板中单击，将打开【直线段工具选项】对话框，如图 3-1 所示。绘制的直线段如图 3-2 所示。

图 3-1 【直线段工具选项】对话框

图 3-2 绘制直线段

温馨提示

在【直线段工具选项】对话框中，选中【线段填色】复选框后，可以将当前描边色应用到线段上。

3.1.2 弧形工具

使用【弧形工具】 可以绘制弧线。在【直线段工具】 上右击，单击【弧形工具】 ，如图 3-3 所示。将鼠标指针定位于弧线起始位置，单击并按住鼠标左键不放拖动至适当位置，释放鼠标即可完成弧线的绘制。

如果要创建更为精确的弧线，可选择该工具在画板中单击，打开【弧线段工具选项】对话框，如图 3-4 所示。弧线绘制效果如图 3-5 所示。【弧线段工具选项】对话框内容详解见表 3-1。

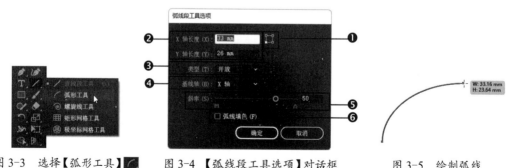

图 3-3 选择【弧形工具】　图 3-4 【弧线段工具选项】对话框　图 3-5 绘制弧线

表 3-1 【弧线段工具选项】对话框内容详解

选项	功能介绍
❶参考点定位器	设置绘制弧线时的参考点
❷X轴长度/Y轴长度	设置弧线的长度和高度
❸类型	选择"开放"将创建开放式弧线，如图 3-6 所示；选择"闭合"将创建闭合式弧线，如图 3-7 所示
❹基线轴	选择"X轴"可沿水平方向绘制；选择"Y轴"可沿垂直方向绘制
❺斜率	设置弧线的倾斜方向
❻弧线填色	用当前填充颜色为弧线闭合的区域填色

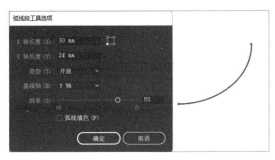

图 3-6 开放式弧线

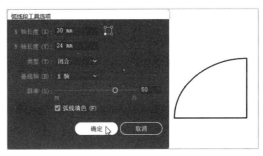

图 3-7 闭合式弧线

> **技能拓展**
>
> 拖动【弧形工具】✐绘制弧线时，按【X】键可以切换弧线的凹凸方向，按【C】键可以在开放式和闭合式图形之间切换，按方向键可以调整弧线的斜率。

3.1.3 螺旋线工具

使用【螺旋线工具】◉可以绘制螺旋线。选择该工具，在画板中单击并拖动鼠标即可，如图 3-8 所示。如果要创建更为精确的螺旋线，可选择该工具在画板中单击，打开【螺旋线】对话框，如图 3-9 所示。【螺旋线】对话框内容详解见表 3-2。

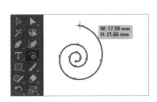

图 3-8 绘制螺旋线

图 3-9 设置参数

表 3-2 【螺旋线】对话框内容详解

选项	功能介绍
❶半径	设置从中心到螺旋线最外侧点的距离
❷衰减	设置螺旋线每一圈相对于上一圈减少的量。该值越小，螺旋的间距越小
❸段数	设置螺旋线路径段的数量
❹样式	设置螺旋线的方向

【螺旋线工具】◎的具体操作方法如下。

步骤 01 选择【螺旋线工具】◎，在画板中单击打开【螺旋线】对话框，设置【段数】为 20，单击【确定】按钮，如图 3-10 所示。

步骤 02 在画板中单击打开【螺旋线】对话框，设置【段数】为 5，单击【确定】按钮，如图 3-11 所示。

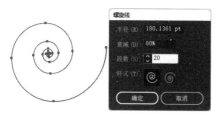

图 3-10 绘制螺旋线

图 3-11 绘制螺旋线

> **技能拓展**
>
> 拖动【螺旋线工具】◎绘制螺旋线时，按住鼠标可以旋转螺旋线。按【R】键可以调整螺旋线的方向，按【Ctrl】键可以调整螺旋线的紧密程度，按【↑】键可以增加螺旋，按【↓】键可减少螺旋。

3.1.4 矩形网格工具

拖动【矩形网格工具】▦可以快速绘制矩形网格。如果要绘制精确网格，选择【矩形网格工具】▦，在画板中单击，打开【矩形网格工具选项】对话框，如图 3-12 所示。【矩形网格工具选项】对话框内容详解见表 3-3。

表 3-3 【矩形网格工具选项】对话框内容详解

选项	功能介绍
❶宽度/高度	设置矩形网格的宽度和高度
❷水平分隔线	在【数量】文本框中输入上下边线之间出现的水平分隔数目。【倾斜】用来设置水平分隔线向上方或下方的偏移量
❸垂直分隔线	在【数量】文本框中输入左右边线之间出现的垂直分隔数目。【倾斜】用来设置垂直分隔线向左方或右方的偏移量
❹使用外部矩形作为框架	选中该项后，将以单独的矩形对象替换顶、底、左和右侧线段
❺填色网格	选中该项后，将使用描边颜色填充网格线

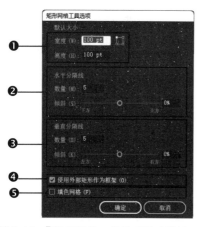

图 3-12 【矩形网格工具选项】对话框

【矩形网格工具】▦的具体操作方法如下。

步骤 01　【矩形网格工具选项】对话框中【倾斜】为 0% 时，效果如图 3-13 所示。

步骤 02　当水平倾斜为 -100%，垂直倾斜为 100% 时，效果如图 3-14 所示。

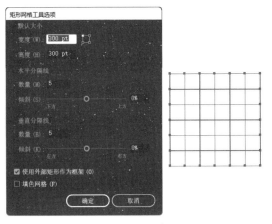

图 3-13　设置参数 1

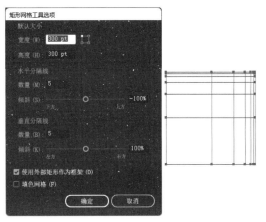

图 3-14　设置参数 2

3.1.5　极坐标网格工具

拖动【极坐标网格工具】⊛可以快速绘制极坐标。如果要绘制精确的极坐标，选择该工具在画板中单击，将打开【极坐标网格工具选项】对话框，如图 3-15 所示。【极坐标网格工具选项】对话框内容详解见表 3-4。

表 3-4　【极坐标网格工具选项】对话框内容详解

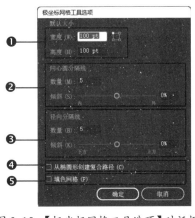

图 3-15　【极坐标网格工具选项】对话框

选项	功能介绍
❶宽度/高度	设置极坐标网格的宽度和高度
❷同心圆分隔线	在【数量】文本框中输入在网格中出现的同心圆分隔数目。在【倾斜】文本框中输入向内或向外偏移的数值
❸径向分隔线	在【数量】文本框中输入在网格圆心和圆外围之间出现的径向分隔线数目。在【倾斜】文本框中输入向内或向外偏移的数值
❹从椭圆形创建复合路径	根据椭圆形建立复合路径，可以将同心圆转换为单独复合路径，且每隔一个圆就填色
❺填色网格	选中该项后，将使用描边颜色填充网格

【极坐标网格工具】⊛的具体操作方法如下。

步骤 01　当【极坐标网格工具选项】对话框中【倾斜】为 0% 时，效果如图 3-16 所示。

步骤 02　当径向分隔线的【倾斜】为 100% 时，效果如图 3-17 所示。

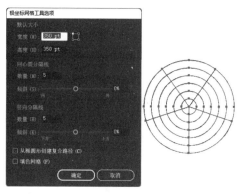

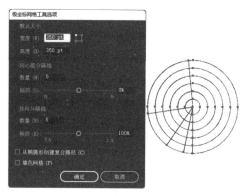

图 3-16　绘制极坐标网格　　　　　图 3-17　绘制极坐标网格

课堂范例——绘制超炫按钮

本实例主要通过直线、弧线、移动、镜像等基础命令制作按钮，具体操作方法如下。

步骤 01　按【Ctrl+N】组合键新建空白文件，单击【直线段工具】，在绘图区单击，打开【直线段工具选项】对话框，输入【长度】为200，输入【角度】为0，如图 3-18 所示。

步骤 02　在【直线段工具】上右击，单击【弧形工具】，如图 3-19 所示。

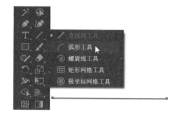

图 3-18　设置命令参数　　　　　图 3-19　选择命令

步骤 03　在直线段左锚点上单击，打开【弧线段工具选项】对话框，输入【X轴长度】为100，其他为默认参数，单击【确定】按钮，如图 3-20 所示。

步骤 04　在选中弧线段的情况下，右击打开快捷菜单，指向【变换】命令，单击【镜像】命令，如图 3-21 所示。

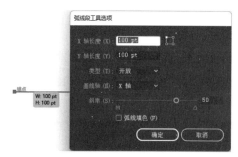

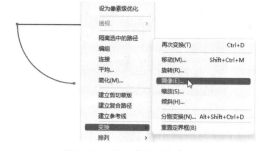

图 3-20　设置参数　　　　　图 3-21　执行【镜像】命令

步骤 05　打开【镜像】对话框，选中【垂直】单选项，单击【复制】按钮，如图 3-22 所示。

步骤 06　所选弧线即完成镜像复制，按【→】方向键移动至适当位置，如图 3-23 所示。

步骤 07　单击【选择工具】，框选直线和弧线，右击打开快捷菜单，单击【连接】命令，将所选对象连接为一个半圆，如图 3-24 所示。

图 3-22　设置选项

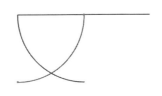

图 3-23　显示效果

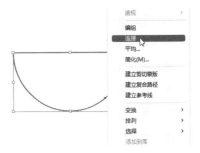

图 3-24　单击【连接】命令

步骤 08　选择半圆，右击打开快捷菜单，指向【变换】命令，单击【镜像】命令，打开【镜像】对话框，选中【水平】单选项，单击【复制】按钮，如图 3-25 所示。

步骤 09　按【↑】方向键移动至适当位置，如图 3-26 所示。

步骤 10　选择上方半圆，单击【渐变工具】，单击【调色板】按钮，单击【橙色,黄色】选项，在半圆中填充渐变色，如图 3-27 所示。

图 3-25　设置选项

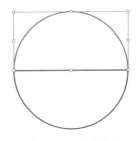

图 3-26　移动位置

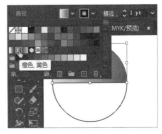

图 3-27　选择渐变填充

步骤 11　选择下方半圆，单击【渐变工具】，单击【调色板】按钮，单击【高卷式发型】选项，在半圆中填充图案，如图 3-28 所示。

步骤 12　单击【矩形工具】按钮，单击【椭圆工具】，在绘图区单击，打开【椭圆】对话框，设置【宽度】为 150，【高度】为 80，单击【确定】按钮，如图 3-29 所示。

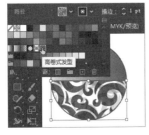

图 3-28　执行渐变填充

图 3-29　选择命令设置参数

步骤 13 完成椭圆绘制，单击【选择工具】，移动椭圆至适当位置，如图 3-30 所示。

步骤 14 绘制的按钮效果如图 3-31 所示。

图 3-30 绘制椭圆并移动位置

图 3-31 显示效果

3.2 基本绘图工具的使用

矩形、椭圆等都是几何图形中最基本的图形，绘制这些图形最快的方式是在工具箱中选择相应的绘图工具，在画板中拖动鼠标即可完成图形绘制。

3.2.1 【矩形工具】的使用

【矩形工具】可以绘制长方形和正方形，如图 3-32 所示。如果要绘制精确的图形，可选择该工具在画板中单击，打开【矩形】对话框，如图 3-33 所示。

图 3-32 绘制矩形

图 3-33 设置参数

温馨提示

在绘制矩形或椭圆的过程中，按住【Shift】键可以绘制一个正方形或正圆形，按住【Alt】键可以以单击点为中心绘制矩形或椭圆，按住【Shift+Alt】组合键可以以单击点为中心绘制正方形或正圆形，按住空格键可以移动矩形或椭圆的位置。在使用【矩形工具】【圆角矩形工具】【椭圆工具】【多边形工具】【星形工具】绘制图形时，按住【~】键、【Alt+~】组合键或【Shift+~】组合键，可以绘制出多个图形。例如，按住【~】键可以绘制多个矩形，按住【Alt+~】组合键可以绘制多个以单击点为中心并向两端延伸的矩形。

3.2.2 【圆角矩形工具】的使用

【圆角矩形工具】可以绘制圆角矩形。如果要绘制精确的图形，可选择该工具在画板中单击，打开【圆角矩形】对话框，如图 3-34 所示。

温馨提示　在绘制圆角矩形的过程中，按【↑】或【↓】键，可以增加或减小圆角矩形的圆角半径；按【→】键，可以以半圆形的圆角度绘制圆角矩形；按【←】键，可以绘制正方形；按住【~】键，可以绘制多个圆角矩形。

图 3-34　【圆角矩形】对话框

3.2.3　【椭圆工具】的使用

【椭圆工具】◯可以绘制椭圆或正圆形。如果要绘制精确的图形，可选择该工具在画板中单击，将打开【椭圆】对话框，如图 3-35 所示。

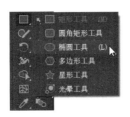

图 3-35　【椭圆】对话框

3.2.4　【多边形工具】的使用

【多边形工具】◯用于绘制多边形。如果要绘制精确的图形，选择该工具，在画板中单击打开【多边形】对话框，默认显示为六边形，效果如图 3-36 所示。设置为五边形时，效果如图 3-37 所示。

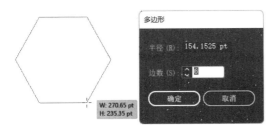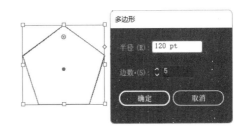

图 3-36　六边形　　　　图 3-37　五边形

温馨提示　在绘制多边形的过程中，按【↑】或【↓】键，可以增加或减少多边形的边数，使用鼠标可以旋转多边形；按住【Shift】键操作可以锁定旋转角度。

3.2.5 【星形工具】的使用

【星形工具】用于绘制星形。如果要绘制精确的图形，可选择该工具在画板中单击，将打开【星形】对话框，如图 3-38 所示。【星形】对话框内容详解见表 3-5。

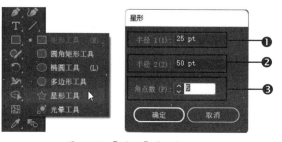

图 3-38 【星形】对话框

表 3-5 【星形】对话框内容详解

选项	功能介绍
❶半径 1	设置从星形中心到星形最内点的距离
❷半径 2	设置从星形中心到星形最外点的距离
❸角点数	设置星形具有的点数

星形工具绘制效果如图 3-39 所示，修改参数后的星形效果如图 3-40 所示。

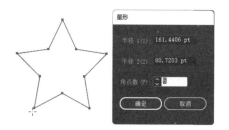

图 3-39 星形绘制效果

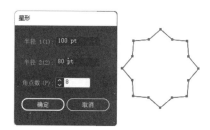

图 3-40 修改星形绘制效果

> **温馨提示**
> 在绘制星形的过程中，按住【Shift】键可以把星形摆正，按住【Alt】键可以使每个角两侧的"肩线"在一条直线上，按住【Ctrl】键可以修改星形内部或外部的半径值，按【↑】键或【↓】键可以增加或减少星形的角点数。

3.2.6 【光晕工具】的使用

【光晕工具】用于绘制光晕。如果要绘制精确的图形，可选择该工具在画板中单击，将打开【光晕工具选项】对话框，如图 3-41 所示。【光晕工具选项】对话框内容详解见表 3-6。

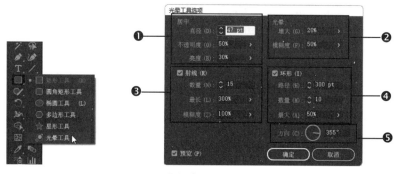

图 3-41 【光晕工具选项】对话框

表 3-6　【光晕工具选项】对话框内容详解

选项	功能介绍
❶居中	【直径】用来设置光晕中心光环的大小，【不透明度】用来设置光晕中心光环的不透明度，【亮度】用来设置光晕中心光环的明亮程度
❷光晕	【增大】用来设置光晕的大小，【模糊度】用来设置光晕的羽化柔和程度
❸射线	选中该项，可以设置光环周围的光线。【数量】用来设置射线的数目，【最长】用来设置射线的最长值，【模糊度】用来设置射线的羽化柔和程度
❹环形	【路径】用来设置尾部光环的偏移数值，【数量】用来设置光圈的数量，【最大】用来设置光圈的最大值
❺方向	用于设置光圈的方向

【光晕工具】的具体操作方法如下。

步骤 01　新建文件，选择【光晕工具】，在画板中单击鼠标创建光晕，在适当位置单击指定末端手柄，在【光晕工具】上双击打开【光晕工具选项】对话框，如图 3-42 所示。

步骤 02　设置完成后效果如图 3-43 所示。

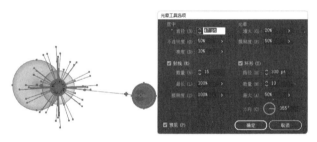

图 3-42　【光晕工具选项】对话框　　　　　　　图 3-43　显示效果

步骤 03　在【光晕工具】上双击打开【光晕工具选项】对话框，设置【直径】为 90，依次调整相应参数，如图 3-44 所示。

步骤 04　调整效果如图 3-45 所示。

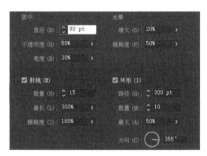

图 3-44　调整参数

图 3-45　显示效果

课堂范例——制作七彩光晕

本实例主要通过【光晕】命令的应用，制作七彩光晕效果，具体操作步骤如下。

步骤 01　打开"素材文件\第 3 章\蜗牛 .jpg"，右击【矩形工具】■ 展开命令面板，单击【光晕工具】◙ ，如图 3-46 所示。

步骤 02　在图像左上角单击指定光晕位置，如图 3-47 所示。

图 3-46　选择工具命令

图 3-47　指定光晕位置

步骤 03　在蜗牛头部单击指定光晕手柄末端位置，如图 3-48 所示。

步骤 04　根据需要多次按下【↑】键，释放鼠标左键，如图 3-49 所示。

图 3-48　指定光晕手柄末端位置

图 3-49　增加光圈

步骤 05　设置完成后效果如图 3-50 所示。

步骤 06　使用【选择工具】▶ 选择光晕，单击【光晕工具】◙ ，指向光晕手柄末端并单击，如图 3-51 所示。

图 3-50　显示效果

图 3-51　指向光晕手柄

步骤07 移动光晕至适当位置释放鼠标左键，如图 3-52 所示。

步骤08 执行【对象】→【扩展】命令，设置参数，单击【确定】按钮，如图 3-53 所示。

图 3-52 移动光晕

图 3-53 【扩展】对话框

步骤09 在光晕上右击，单击【取消编组】命令，如图 3-54 所示。

步骤10 将光晕各部分移动到相应位置，如图 3-55 所示。

图 3-54 取消编组

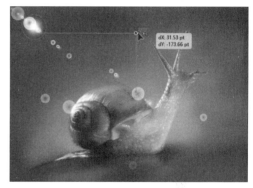

图 3-55 移动光晕位置

步骤11 移动光圈，如图 3-56 所示。

步骤12 创建多边形，填充渐变效果，如图 3-57 所示。

图 3-56 移动光圈

图 3-57 创建多边形及渐变

步骤13 执行【窗口】→【透明度】命令，设置【不透明度】为 20%，如图 3-58 所示。

步骤 14 再次创建一个光晕，效果如图 3-59 所示。

图 3-58 设置不透明度

图 3-59 显示效果

课堂问答

问题 1：光晕由哪些部分组成？

答：光晕类似照片中镜头光晕的效果。它是由明亮的中心、光晕、射线及光环组合而成，共有中央手柄、末端手柄、射线、光晕、光环 5 个部分组成，如图 3-60 所示。

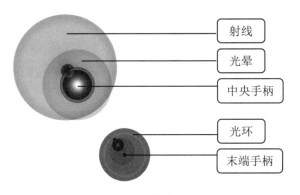

射线

光晕

中央手柄

光环

末端手柄

图 3-60 【光晕】组成

> 温馨提示 在绘制光晕时，按【↑】或【↓】键，可用来增加或减少光晕的射线数量。

问题 2：如何改变图形的绘图模式？

答：在 Illustrator 中绘制图形时，新图形默认放在原图形的上方。单击工具箱底部的绘制模式按钮，可以改变绘图模式，如图 3-61 所示。【绘图模式】面板内容详解见表 3-7。

图 3-61 【绘图模式】面板

表 3-7 【绘图模式】面板内容详解

选项	功能介绍
❶正常绘图	默认的绘图模式，新创建的对象总是位于最顶部，如图 3-62 所示
❷背面绘图	在所选对象的下方绘制对象，如图 3-63 所示
❸内部绘图	选择对象后，单击该按钮，可在所选对象内部绘图，如图 3-64 所示

图 3-62 正常绘图

图 3-63 背面绘图

图 3-64 内部绘图

📷 上机实战——绘制播放按钮

为了巩固本章所学知识点，下面讲解一个技能综合案例，使读者对本章的知识有更深入的了解。效果展示如图 3-65 所示。

效果展示

图 3-65 播放器按钮效果

思路分析

本例绘制播放按钮，播放按钮是常见的一种人机对话窗口。设计产品时，要充分考虑产品的使用便利性，下面介绍绘制方法。

本例首先制作界面整体轮廓；然后制作展示窗口，最后制作播放按钮和数字，得到最终效果。

中文版 *Illustrator 2022* 基础教程

制作步骤

步骤 01　新建文档，选择工具箱中的【椭圆工具】，在画板中绘制正圆，在【渐变】面板中，设置【类型】为径向渐变，设置渐变色为浅绿色（#D7E98B）、绿色（#B5D629）、深绿色（#334A00），如图 3-66 所示。

步骤 02　使用【矩形工具】绘制矩形，调整矩形形状，垂直填充黑白渐变，如图 3-67 所示。

图 3-66　绘制圆形并填充渐变色

图 3-67　绘制矩形并填充黑白渐变

步骤 03　使用相同的方法绘制下方的图形，如图 3-68 所示。

步骤 04　在【透明度】面板中，设置混合模式为正片叠底，效果如图 3-69 所示。

步骤 05　选择【椭圆工具】绘制圆形，在【渐变】对话框中，设置【类型】为径向渐变，设置渐变色为绿色（#8A9787）、深绿色（#264334），效果如图 3-70 所示。

图 3-68　绘制下方图形

图 3-69　混合效果

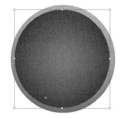
图 3-70　绘制圆形并填充渐变色

步骤 06　使用【矩形工具】绘制两个矩形，放到适当位置，同时选择 3 个图形，在【路径查找器】面板中，单击【差集】按钮，如图 3-71 所示。

步骤 07　删除上下矩形，效果如图 3-72 所示。

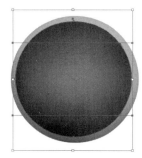
图 3-71　差集

图 3-72　删除上下矩形效果

步骤 08 使用相同的方法绘制图形，在【渐变】面板中，设置【类型】为径向渐变，设置渐变色为浅绿色（#D7E98B）、绿色（#B5D629）、深绿色（#334A00），如图 3-73 所示。

步骤 09 执行【对象】→【排列】→【后移一层】命令，调整对象顺序，如图 3-74 所示。

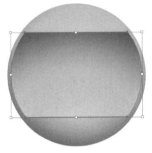 

图 3-73　绘制图形　　　　　　　　　　　　图 3-74　调整图层顺序

步骤 10 使用【钢笔工具】🖊绘制路径，如图 3-75 所示。

步骤 11 在【透明度】面板中，设置混合模式为滤色，效果如图 3-76 所示。

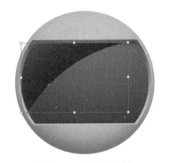

图 3-75　绘制路径　　　　　　　　　　　　图 3-76　设置混合模式

步骤 12 使用相同的方法绘制右下方的高光，如图 3-77 所示。

步骤 13 选择工具箱中的【星形工具】☆，在【星形】对话框中，设置【半径 1】为 25px，【半径 2】为 50px，【角点数】为 3，单击【确定】按钮，如图 3-78 所示。

步骤 14 用【多边形工具】⬡绘制三角形，并填充白色，旋转到适当角度，如图 3-79 所示。

图 3-77　绘制右下方高光　　　图 3-78　【星形】对话框　　　图 3-79　三角形

步骤 15 执行【效果】→【风格化】→【圆角】命令，在打开的【圆角】对话框中，设置【半径】

为 20px，单击【确定】按钮，效果如图 3-80 所示。

步骤 16　选择三角形，按组合键【Ctrl+C】复制图形，执行【编辑】→【粘在前面】命令，再执行【效果】→【模糊】→【高斯模糊】命令，在打开的【高斯模糊】对话框中设置【半径】为 5，单击【确定】按钮，如图 3-81 所示。

步骤 17　效果如图 3-82 所示。

图 3-80　圆角效果

图 3-81　设置参数

图 3-82　显示效果

步骤 18　使用【椭圆工具】◯绘制圆形（宽度和高度均为 43px），在【渐变】对话框中，设置【类型】为径向渐变，渐变色为白色到灰色（#7D7D7D），使用【渐变工具】■调整渐变的位置，如图 3-83 所示。

步骤 19　使用【椭圆工具】◯绘制圆形（宽度和高度均为 38px），填充相同的渐变色，并使用【渐变工具】■调整渐变的位置，如图 3-84 所示。

步骤 20　结合【星形工具】☆和【圆角矩形工具】▢绘制图形，填充白色和深灰色（#6D6E71），如图 3-85 所示。

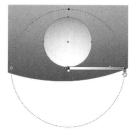
图 3-83　绘制圆形

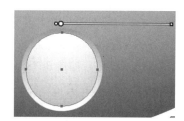
图 3-84　绘制圆形

图 3-85　绘制图形

步骤 21　使用【选择工具】▷选择左侧的图形，选择【镜像工具】◁◁，在黑色三角形中点单击，定义镜像柱镜像对象，如图 3-86 所示。

步骤 22　使用【椭圆工具】◯绘制圆形（宽度和高度均为 36px），在【渐变】面板中，设置【类型】为径向渐变，渐变色为白黑渐变，调整色条，如图 3-87 所示。

步骤 23　填充效果如图 3-88 所示。

图 3-86 定义镜像柱

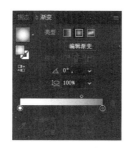

图 3-87 设置渐变

图 3-88 填充渐变色

步骤 24 在【透明度】面板中，设置混合模式为滤色，效果如图 3-89 所示。

步骤 25 使用【椭圆工具】 ○ 绘制圆形（宽度和高度均为 28px），填充白色，如图 3-90 所示。

步骤 26 使用相同的方法绘制其他圆形，如图 3-91 所示。

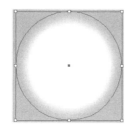

图 3-89 设置混合模式效果

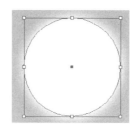

图 3-90 绘制圆形

图 3-91 绘制其他圆形

🌐 同步训练——绘制手机外观

通过上机实战案例的学习，为了增强读者的动手能力，下面安排一个同步训练案例，让读者达到举一反三、触类旁通的学习效果。

图解流程

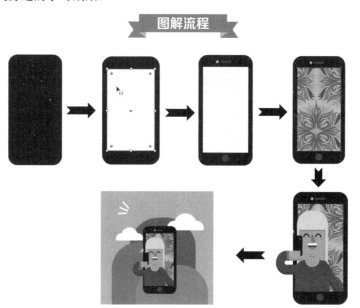

随着手机功能的完善，在现代社会，手机已成为人们不可或缺的交流工具，下面介绍如何绘制手机外观。

本例首先绘制手机轮廓，接下来绘制手机上的按钮，最后添加屏幕图案和装饰效果，完成制作。

关键步骤

步骤 01　新建空白文件，设置【填充】为黑色，选择【圆角矩形工具】█，在面板单击，在打开的【圆角矩形】对话框中，设置【宽度】为 60mm，【高度】为 120mm，【圆角半径】为 10mm，单击【确定】按钮绘制圆角矩形，如图 3-92 所示。

步骤 02　设置【填充】为白色，选择【矩形工具】█，在面板单击，在打开的【矩形】对话框中，设置【宽度】为 50mm，【高度】为 93mm，单击【确定】按钮，绘制白色矩形，使用【选择工具】█ 将白色矩形移动到圆角图形的适当位置，如图 3-93 所示。

步骤 03　选择【椭圆工具】█，在画板单击，打开【椭圆】对话框，设置【宽度】和【高度】都为 8mm，单击【确定】按钮。执行【窗口】→【透明度】命令，打开【透明度】面板，设置【混合模式】为滤色，如图 3-94 所示。

图 3-92　绘制圆角矩形

图 3-93　绘制白色矩形

图 3-94　【透明度】面板

步骤 04　通过前面的操作，得到按钮的混合效果，如图 3-95 所示。

步骤 05　设置【填充】为青色（#8BF8FF），选择【椭圆工具】█，在面板单击，打开【椭圆】对话框，设置【宽度】和【高度】都为 3mm，绘制椭圆效果如图 3-96 所示。

步骤 06　选择【圆角矩形工具】█，在面板单击，打开【圆角矩形】对话框，设置【宽度】为 12mm，【高度】为 2mm，【圆角半径】为 10mm，单击【确定】按钮绘制图形，使用【选择工具】█ 选中绘制的对象，移动到适当位置，如图 3-97 所示。在【透明度】面板中，设置【混合模式】为滤色。

图 3-95　混合效果

图 3-96　绘制椭圆效果

图 3-97　绘制图形

07　通过前面的操作，得到图形混合效果，如图 3-98 所示。

步骤 08　使用【选择工具】选择白色图形，执行【窗口】→【图形样式】命令，打开【图形样式】面板，单击【植物_GS】，如图 3-99 所示。

步骤 09　通过前面的操作，得到屏幕效果，如图 3-100 所示。

图 3-98　混合效果

图 3-99　【图形样式】面板

图 3-100　屏幕效果

步骤 10　打开"素材文件\第 3 章\打电话.ai"，选中主体图形，复制粘贴到当前文件中，移动到适当位置，如图 3-101 所示。

步骤 11　打开"素材文件\第 3 章\风景.ai"，选中主体图形，复制粘贴到当前文件中，移动到适当位置，如图 3-102 所示。

图 3-101　添加人物素材

图 3-102　添加风景素材

知识能力测试

本章讲解了几何图形的绘制方法，为对知识进行巩固和考核，接下来布置相应的练习题。

一、填空题

1. 在 Illustrator 2022 中，按_____键可以绘制正形（如正方形、正圆形），按_____键可以以单击点为中心绘制矩形或椭圆。

2. 在【多边形工具】■的【多边形】对话框中，默认显示为_____。

3. _____可以绘制弧线，选择该工具后，将鼠标指针定位于弧线起始位置，单击并拖动鼠标至弧线结束位置即可。

二、选择题

1. 拖动【弧形工具】◢即可绘制弧线，按【X】键可以切换弧线的凹凸方向；按【C】键可以在开放式和闭合式图形之间切换；按（　　）可以调整弧线的斜率。

A.【Ctrl】键　　　　　　B. 空格键　　　　　　C.【Alt】键　　　　　　D. 方向键

2. 在 Illustrator 2022 中，（　　）可打开绘图工具（如椭圆、直线、星形等）所对应的对话框。

A. 双击工具图标　　　　　　　　　　B. 选择工具，然后在图像窗口单击

C. 右击工具图标　　　　　　　　　　D. 以上方法都可以

3. 如果要创建固定长度和角度的直线，可选择该工具在画板中单击，将打开（　　）对话框。

A.【光晕工具】■　　　　　　　　　　B.【矩形工具】■

C.【直线段工具】■　　　　　　　　　D.【直线段工具选项】

三、简答题

1. 在 Illustrator 2022 中绘制多边形有什么技巧？

2. 绘制几何图形时，应该选择哪种方法？

Illustrator 2022

第4章
绘图工具的应用和编辑

Illustrator 2022 提供的自由绘图工具，能够更方便地完成复杂路径的绘制，使用路径调整工具，可以使路径绘制操作变得更加简单。本章将详细介绍自由路径工具、钢笔工具，以及调整路径工具的应用。

学习目标

- 了解路径和锚点
- 熟练掌握自由曲线绘制工具的使用方法
- 熟练掌握编辑路径的基本方法
- 熟练掌握描摹图稿的基本方法

4.1 路径和锚点

在 Illustrator 2022 中，使用绘图工具可以绘制出不规则的直线、曲线或任意图形，而绘制的每个图形对象都由路径和锚点构成。

4.1.1 路径

使用绘图工具绘制图形时产生的线条称为路径。路径由一个或多个直线段或者曲线段组成，如图 4-1 所示。

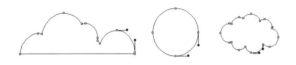

图 4-1 路径

> 温馨提示
> 在【直线段工具选项】对话框中，选中【线段填充】复选框后，则可以将当前描边色应用到线段上。

4.1.2 锚点

路径是由一个一个的锚点及控制手柄组成，没有锚点就没有路径。锚点可以理解为线段的节点，锚点可以用来定位当前页面中的某个位置，标明坐标单位、参考点，可以快速地将主要内容展示给用户浏览，如图 4-2 所示。

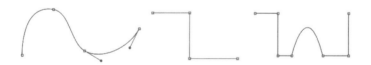

图 4-2 锚点

锚点分为平滑点和角点，平滑曲线由平滑点连接而成，如图 4-3 所示。直线和转角曲线由角点连接而成，如图 4-4 所示。

图 4-3 平滑点　　　　　　　　　　　　图 4-4 角点

选择曲线锚点时，锚点上会出现方向线和方向点，如图 4-5 所示。拖动方向点可以调整方向线的方向和长度，从而改变曲线的形状，如图 4-6 所示。

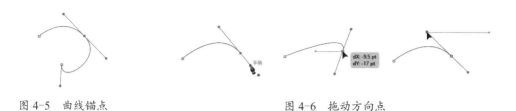

图 4-5 曲线锚点　　　　　　　　　　　图 4-6 拖动方向点

4.2 自由曲线绘制工具

除了几何图形外，本节将介绍 Illustrator 2022 中的一些自由曲线绘制工具，如【铅笔工具】🖊️ 和【钢笔工具】🖋️等。

4.2.1 【铅笔工具】的使用

使用【铅笔工具】🖊️ 可以绘制开放或闭合的路径，就像用铅笔在纸上绘图一样。用铅笔工具绘制时锚点已设置，当路径完成后可调整锚点。设置的锚点数量由路径的长度和复杂程度及【铅笔工具选项】对话框中的容差设置决定。双击【铅笔工具】🖊️，打开【铅笔工具选项】对话框，如图 4-7 所示。【铅笔工具选项】对话框内容详解见表 4-1。

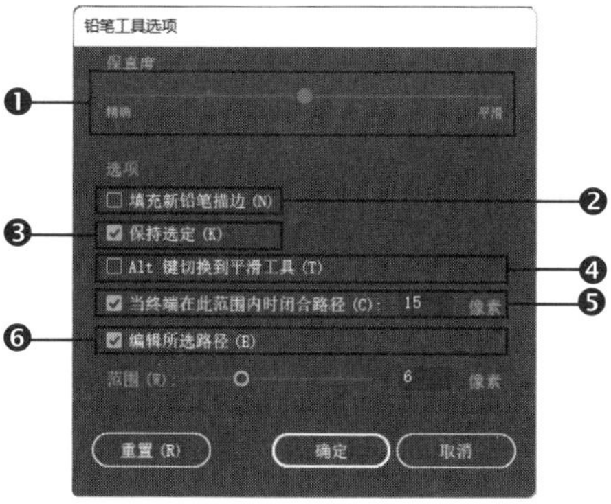

表 4-1 【铅笔工具选项】对话框内容详解

选项	功能介绍
❶保真度	设置铅笔工具绘制曲线时路径上各点的精确度
❷填充新铅笔描边	选中此项后将对绘制的铅笔描边应用填充
❸保持选定	设置在绘制路径之后是否保持路径的所选状态，此选项默认为已选中
❹【Alt】键切换到平滑工具	绘制线条时，选择是否按住【Alt】键切换为平滑工具
❺当终端在此范围内时闭合路径	选中该项，起点和终点之间在设置的数值之内时会自动封闭路径
❻编辑所选路径	选中该项，可用【铅笔工具】🖊️编辑选中的曲线路径

图 4-7 【铅笔工具选项】对话框

步骤01 拖动以绘制路径，指示绘制任意路径，锚点出现在路径的两端和路径上的各点，如图 4-8 所示。

步骤02 按住【Shift】键拖动鼠标，即可绘制直线段，绘制完成释放按键和鼠标，如图 4-9 所示。

步骤 03　在锚点上单击，按住【Shift】键拖动鼠标绘制直线段，如图 4-10 所示。

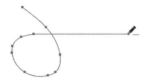
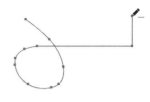

图 4-8　绘制任意路径　　　　图 4-9　绘制直线段路径　　　　图 4-10　单击锚点并绘制直线段路径

步骤 04　拖动至路径起点时铅笔工具会显示一个小圆圈 ✐ 以指示正创建的是闭合路径，如图 4-11 所示。

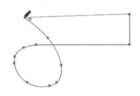

图 4-11　闭合路径

> 温馨提示
> 无需将鼠标指针放在路径的起始点上方就可以创建闭合路径；如果在某个其他位置松开鼠标，铅笔工具将通过创建返回原点的最短线条来闭合形状。

4.2.2　【平滑工具】的使用

【平滑工具】 ✐ 可以将锐利的线条变得更加平滑。

步骤 01　右击【Shaper 工具】 ✐，单击【平滑工具】 ✐，如图 4-12 所示。

步骤 02　在【平滑工具】 ✐ 上双击，打开【平滑工具选项】对话框，拖动滑动按钮调整保真度，如图 4-13 所示。

步骤 03　使用【星形工具】 ☆ 绘制星形，如图 4-14 所示。

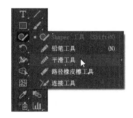

图 4-12　选择【平滑工具】　　图 4-13　【平滑工具选项】对话框　　图 4-14　绘制星形

步骤 04　单击【平滑工具】 ✐，在星形上单击进行平滑，如图 4-15 所示。

步骤 05　在星形上单击进行平滑，如图 4-16 所示。

步骤 06　在星形上单击进行平滑，如图 4-17 所示。

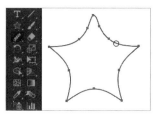

图 4-15　平滑星形

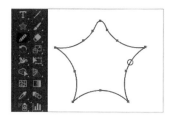

图 4-16　平滑对象 1

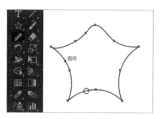

图 4-17　平滑对象 2

4.2.3 【钢笔工具】的使用

【钢笔工具】 ✍ 是创建路径最常用的工具，用于绘制直线和曲线段，并对路径进行编辑。

1. 绘制直线段

使用【钢笔工具】 ✍ 绘制直线段的具体操作步骤如下。

步骤 01 要绘制直线段，选择【钢笔工具】 ✍ ，在画板上单击鼠标创建第一个锚点，如图 4-18 所示；再在其他位置单击，生成第二个锚点，如图 4-19 所示；依次单击生成其他锚点，如图 4-20 所示。

步骤 02 要创建非水平和垂直方向的直线段，将鼠标指针移动到第一个锚点位置，当其变为 ✍ 形状，如图 4-21 所示，单击即可创建第一个锚点。

图 4-18　创建第一个锚点　图 4-19　创建第二个锚点　图 4-20　创建其他锚点　图 4-21　鼠标指针样式

步骤 03 向斜方向移动并单击即可创建斜线段，如图 4-22 所示；按住【Shift】键的同时水平移动鼠标至适当位置单击绘制直线段，如图 4-23 所示。

步骤 04 如果要闭合路径，将鼠标指针移动到第一个锚点位置，光标变为 ✍ 形状，如图 4-24 所示，单击鼠标即可闭合路径。

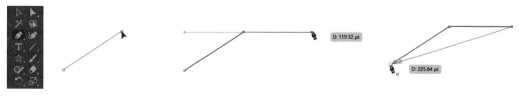

图 4-22　创建斜线段　　　图 4-23　绘制直线段　　　图 4-24　闭合路径

2. 绘制曲线段

使用【钢笔工具】 ✍ 绘制曲线段的具体操作步骤如下。

步骤 01 选择【钢笔工具】 ✍ ，在曲线起点位置单击鼠标生成锚点，将鼠标指针放置至下一个锚点位置，单击并拖动鼠标，如果向前一条方向线的相反方向拖动鼠标，可创建同方向的曲线，如图 4-25 所示。

步骤 02　如果按与方向线相同的方向拖动鼠标，可创建 S 形曲线，如图 4-26 所示。

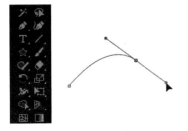

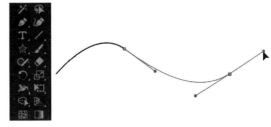

图 4-25　创建曲线 　　　　　　　图 4-26　创建 S 形曲线

步骤 03　将鼠标指针移动到第一个锚点位置，光标变为 形状，闭合曲线如图 4-27 所示。

步骤 04　拖动锚点的方向线，即可调整曲线形状，如图 4-28 所示。

图 4-27　闭合曲线 　　　　　　　图 4-28　调整曲线形状

3. 绘制转角曲线

绘制转角曲线，需要在创建新锚点前改变方向线的方向。绘制转角曲线的具体操作步骤如下。

步骤 01　选择【钢笔工具】，在画板上单击指定起点，移动鼠标单击指定第二点并按住左键不放拖动绘制一段曲线，如图 4-29 所示。

步骤 02　释放鼠标左键，将鼠标指针放在最后一个锚点上，按住【Alt】键单击，将该平滑点转换为角点，如图 4-30 所示。

图 4-29　绘制曲线 　　　　　　　图 4-30　单击锚点

步骤 03　移动鼠标指定曲线方向，如图 4-31 所示。

步骤 04　释放【Alt】键和鼠标，在其他位置单击并拖动鼠标创建一个新的平滑点，绘制的转角曲线如图 4-32 所示。

图 4-31　指定曲线方向

图 4-32　绘制转角曲线

4.在曲线后面绘制直线

在曲线后面绘制直线的具体操作步骤如下。

步骤 01　选择【钢笔工具】，在画板上绘制一段曲线，如图 4-33 所示。

步骤 02　将鼠标指针放在最后一个锚点上单击，将该平滑点转换为角点，如图 4-34 所示。

图 4-33　绘制曲线

图 4-34　单击锚点

步骤 03　按住【Shift】键并移动鼠标至适当位置单击绘制直线段，如图 4-35 所示。

步骤 04　移动鼠标在其他位置单击，即可继续绘制线段，如图 4-36 所示。

图 4-35　绘制直线段

图 4-36　绘制线段

课堂范例——绘制卡通鱼图形

本实例通过对鱼和鱼鳍形状的绘制，练习【钢笔工具】的使用，通过调整卡通鱼的形状来练习锚点的应用，具体操作步骤如下。

步骤 01　新建文件，选择【钢笔工具】，在画板上单击鼠标创建第一个锚点，上移鼠标至适当位置单击并拖动，创建鱼嘴的形状，如图 4-37 所示。

步骤 02　继续上移鼠标至适当位置单击并拖动，如图 4-38 所示。

图 4-37　绘制曲线创建鱼嘴的形状

图 4-38　单击并拖动锚点

步骤 03　依次单击创建锚点绘制鱼形，如图 4-39 所示。

步骤 04　依次单击完成鱼形的绘制，如图 4-40 所示。

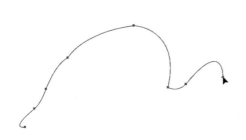

图 4-39　创建锚点绘制鱼形

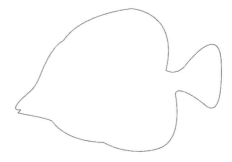

图 4-40　完成鱼形的绘制

步骤 05　设置填充颜色为黄色（#FFEC00），在鱼形内填充颜色，如图 4-41 所示。

步骤 06　使用【直接选择工具】▶选择锚点，拖动锚点手柄调整锚点，如图 4-42 所示。

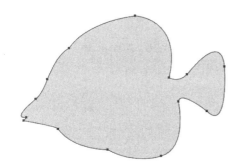

图 4-41　填充颜色

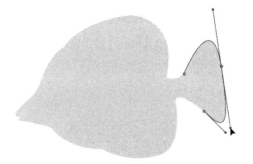

图 4-42　调整锚点

步骤 07　使用【直接选择工具】▶选择锚点，拖动锚点手柄调整形状，如图 4-43 所示。

步骤 08　依次调整完成后效果如图 4-44 所示。

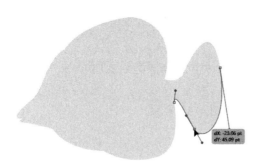

图 4-43　拖动锚点手柄调整形状

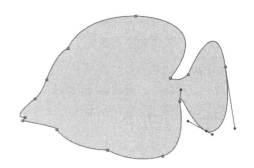

图 4-44　显示效果

步骤 09　使用【椭圆工具】○绘制正圆，移动至鱼眼处，填充白色，如图 4-45 所示。

步骤 10　继续使用【椭圆工具】○绘制正圆，移动至鱼眼内的适当位置，填充黑色，如图 4-46 所示。

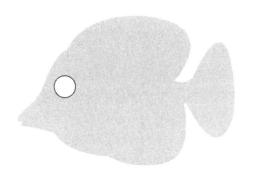
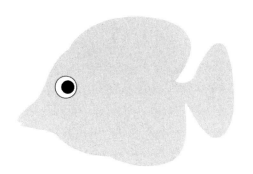

　　图 4-45　绘制圆并填充白色　　　　　　　　　　图 4-46　绘制圆并填充黑色

步骤 11　继续使用【椭圆工具】◼绘制正圆和椭圆，填充白色，移动至鱼眼珠适当位置，如图 4-47 所示。

步骤 12　使用【钢笔工具】✐沿鱼背绘制曲线，如图 4-48 所示。

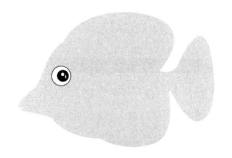
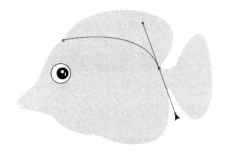

　　图 4-47　绘制鱼眼珠并填充颜色　　　　　　　　　　图 4-48　绘制曲线

步骤 13　使用【钢笔工具】✐绘制鱼鳍，使用【渐变工具】◼创建渐变填充，并移动至适当位置，如图 4-49 所示。

步骤 14　复制渐变填充，依次排列，如图 4-50 所示。

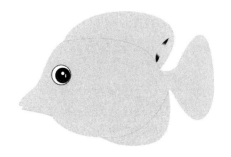

　　图 4-49　绘制鱼鳍并创建渐变填充　　　　　　　　图 4-50　复制渐变填充

步骤 15　复制渐变填充，调整形状至适当位置，如图 4-51 所示。

步骤 16　完成鱼鳍的绘制，效果如图 4-52 所示。

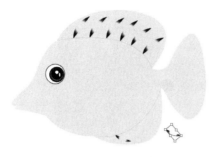

图 4-51　绘制鱼鳍

图 4-52　显示效果

4.3 编辑路径

　　绘制路径后，还可以对路径进行调整。选择单个锚点时，选项栏中除了显示转换锚点的选项外，还显示该锚点的坐标，如图 4-53 所示。当选择多个锚点时，除了显示转换锚点的选项外，还显示对齐锚点的各个选项，如图 4-54 所示。【路径】选项栏内容详解见表 4-2。

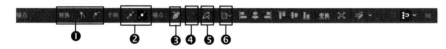

图 4-53　选中单个锚点选项栏

图 4-54　选中多个锚点选项栏

表 4-2　【路径】选项栏内容详解

选项	功能介绍
❶转换	单击相应按钮，可以将锚点转换为角点或平滑点
❷手柄	单击相应按钮，可以显示或隐藏锚点的方向线和方向点
❸删除所选锚点	单击该按钮，可以删除锚点及锚点两端的线段
❹连接所选终点	选中锚点和起始点后，单击该按钮可以封闭线段
❺以所选锚点处剪切路径	单击该按钮，以所选锚点处将当前图形剪切为两个路径
❻对齐所选对象	在下拉列表框中，选择对齐方式
❼对齐和分布	单击相应按钮，可以选择锚点的对齐和分布方式

4.3.1　使用钢笔调整工具

　　钢笔调整工具组包括【添加锚点工具】、【删除锚点工具】、【锚点工具】，可以添加新锚点，删除多余锚点和转换锚点的属性。

1. 添加锚点

单击【添加锚点工具】 ，在路径上要添加锚点的地方单击即可添加锚点。添加锚点的路径是直线段，添加的锚点必是角点；添加锚点的路径是曲线段，添加的锚点必是平滑点，具体操作步骤如下。

步骤 01 使用【钢笔工具】 绘制闭合路径，如图 4-55 所示。

步骤 02 右击【钢笔工具】 ，单击【添加锚点工具】 命令，如图 4-56 所示。

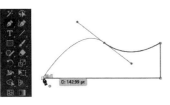

图 4-55 绘制路径

图 4-56 选择工具命令

步骤 03 在直线段上单击即可添加锚点，添加的锚点为角点，如图 4-57 所示。

步骤 04 在曲线段上单击即可添加锚点，添加的锚点为平滑点，如图 4-58 所示，拖动控制点即可改变曲线形状。

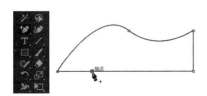

图 4-57 添加锚点为角点

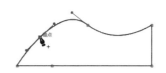

图 4-58 添加锚点为平滑点

2. 删除锚点

单击【删除锚点工具】 ，当鼠标指针指向路径中需要删除的锚点时，单击即可删除该锚点，具体操作步骤如下。

步骤 01 如果锚点在直线段上，选择该锚点并单击即可删除该锚点，路径的形状不会发生变化，如图 4-59 所示。

步骤 02 如果要删除链接曲线段和直线段的锚点，选择该锚点，如图 4-60 所示，单击即可删除该锚点。删除角点路径会发生相应的改变。

图 4-59 指向直线段上的锚点

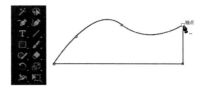

图 4-60 指向曲线段和直线段链接的锚点

步骤 03 如果锚点在曲线段上，选择该锚点，如图 4-61 所示。

步骤 04 则曲线段路径会发生相应的改变，如图 4-62 所示。

图 4-61 指向曲线段上的锚点

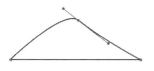
图 4-62 最终效果

3. 锚点工具

右击【钢笔工具】，单击【锚点工具】，即可选择【锚点工具】，在平滑点上单击，可以将平滑点转换为角点，具体操作步骤如下。

步骤 01 选择【锚点工具】，在直线段的锚点上单击，如图 4-63 所示。

步骤 02 按住鼠标左键不放进行拖动，即可拖动手柄转换为曲线段，如图 4-64 所示。

步骤 03 在曲线段的锚点上单击，即可将该平滑点转换为角点，如图 4-65 所示。

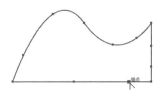
图 4-63 单击锚点

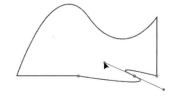
图 4-64 拖动手柄

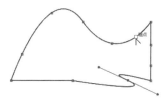
图 4-65 单击锚点

步骤 04 如果在曲线段的锚点上按住鼠标左键不放进行拖动，该锚点依然是平滑点，拖动手柄即可调整曲线的曲率，如图 4-66 所示。

步骤 05 按住【Shift】键拖动锚点，即可移动锚点位置，如图 4-67 所示。

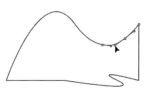
图 4-66 拖动手柄

图 4-67 移动锚点位置

4.3.2 使用擦除工具

擦除工具包括【橡皮擦工具】和【路径橡皮擦工具】，它们的使用方法相似，都是通过在路径上反复拖动来调整路径的形状。

1. 橡皮擦工具

【橡皮擦工具】可以擦除图稿的任何区域，包括路径、复合路径、【实时上色】组内的路径和剪贴路径，具体操作步骤如下。

步骤 01 单击【橡皮擦工具】 ，在需要擦除的位置拖动鼠标即可擦除图形，如图4-68所示。

步骤 02 在需要擦除的位置单击鼠标也可以擦除图形，如图4-69所示。

步骤 03 效果如图4-70所示。

图 4-68 擦除图形 1　　　　图 4-69 擦除图形 2　　　　图 4-70 显示效果

2. 路径橡皮擦工具

【路径橡皮擦工具】 可以通过沿路径涂抹来删除该路径的各个部分，选择该工具后在图形上单击或拖动鼠标即可擦除路径，使用【路径橡皮擦工具】 擦除路径的具体操作步骤如下。

步骤 01 使用【直接选择工具】 选择路径，如图4-71所示。

步骤 02 右击【Shaper工具】 ，单击【路径橡皮擦工具】 ，如图4-72所示。

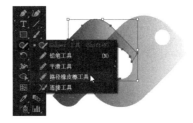

图 4-71 选择路径　　　　　　　　　图 4-72 选择工具

步骤 03 在路径上拖动鼠标即可擦除路径，如图4-73所示。

步骤 04 按住鼠标左键不放在路径上沿锚点拖动擦除路径，如图4-74所示。

步骤 05 效果如图4-75所示。

图 4-73 擦除路径　　　　图 4-74 沿锚点拖动擦除路径　　　　图 4-75 显示效果

技能
拓展
　　使用【路径橡皮擦工具】 在开放的路径上单击，可以在单击处将路径断开，分割为两个路径；如果在封闭的路径上单击，可以将路径整体删除。

4.3.3 路径的连接

无论是同一个路径中的两个端点，还是两个开放式路径中的端点，均可以将其连接在一起，下面介绍两种常用的连接方法。

方法一：选择【钢笔工具】，将鼠标指针放在路径末端锚点上，当其变为形状时单击，如图 4-76 所示。将鼠标移动到另一端的锚点上，当鼠标指针变为形状时，单击即可连接锚点，如图 4-77 所示。

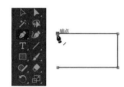

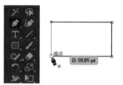

图 4-76　指向锚点　　　　　　　　　　　　　　　　图 4-77　单击连接锚点

方法二：使用【连接工具】，在需要连接的对象上拖动，连接线段或锚点，或者使用【直接选择工具】，选择需要连接的两个锚点，具体操作步骤如下。

步骤 01　右击【Shaper 工具】，单击【连接工具】，如图 4-78 所示。

步骤 02　在要连接的起点单击，如图 4-79 所示。

步骤 03　按住鼠标不放拖动到另一个连接点，如图 4-80 所示。

步骤 04　按住鼠标不放拖动连接路径，如图 4-81 所示。

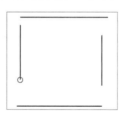
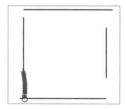

图 4-78　选择工具　　　图 4-79　单击起点　　　图 4-80　拖动连接点　　　图 4-81　连接路径

步骤 05　使用【直接选择工具】，选择需要连接的两个锚点，如图 4-82 所示。单击选项栏中的【连接所选终点】按钮，如图 4-83 所示。效果如图 4-84 所示。

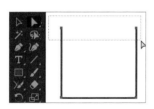

图 4-82　选择锚点　　　　　图 4-83　单击按钮　　　　　图 4-84　显示效果

温馨提示

执行【对象】→【路径】→【连接】命令，即可快速将两条分离的线段连接起来。

方法三：使用【橡皮擦工具】擦除图稿的任何区域后会自动连接擦除区域进行闭合，具体操作步骤如下。

步骤 01　选择【橡皮擦工具】◆，在要删除的部分单击指定起点，如图 4-85 所示。

步骤 02　拖动到要删除的终点，释放鼠标左键，如图 4-86 所示。效果如图 4-87 所示。

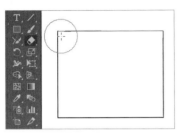 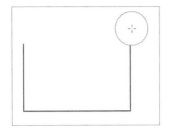 

图 4-85　选择工具指定起点　　　　图 4-86　指定终点　　　　图 4-87　显示效果

4.3.4　均匀分布锚点

使用【平均】命令可以让选择的锚点均匀分布，具体操作步骤如下。

步骤 01　使用【直接选择工具】▶选择多个锚点，如图 4-88 所示。

步骤 02　执行【对象】→【路径】→【平均】命令，如图 4-89 所示。

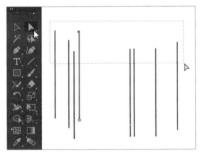 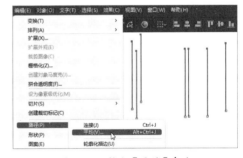

图 4-88　选择锚点　　　　　　　　图 4-89　执行【平均】命令

步骤 03　打开【平均】对话框，设置【轴】为水平，如图 4-90 所示。

步骤 04　使用【直接选择工具】▶选择下方锚点，设置【轴】为垂直，如图 4-91 所示。

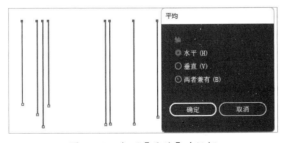 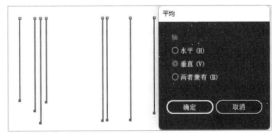

图 4-90　打开【平均】对话框　　　　图 4-91　选择锚点设置内容

步骤 05　效果如图 4-92 所示。设置【轴】为两者兼有，效果如图 4-93 所示。

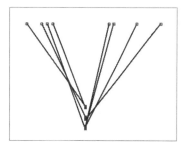

图 4-92　显示效果

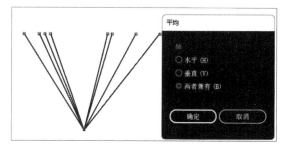

图 4-93　设置内容显示效果

4.3.5　简化路径

　　使用【简化】命令可以简化所选图形中的锚点，在路径造型时尽量减少锚点的数目，达到减少系统负载的目的。简化路径的具体操作方法如下。

　　选择需要简化的路径，执行【对象】→【路径】→【简化】命令，如图 4-94 所示。弹出【简化】工具栏，拖动滑块，简化路径效果如图 4-95 所示。

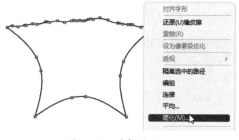

图 4-94　选择路径

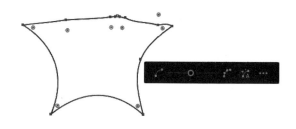

图 4-95　简化路径效果

　　单击如图 4-96 所示的【简化】工具栏右侧的【更多选项】按钮 ，会弹出如图 4-97 所示的对话框。【简化】对话框内容详解见表 4-3。

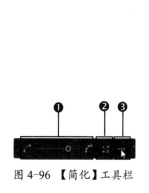

图 4-96　【简化】工具栏

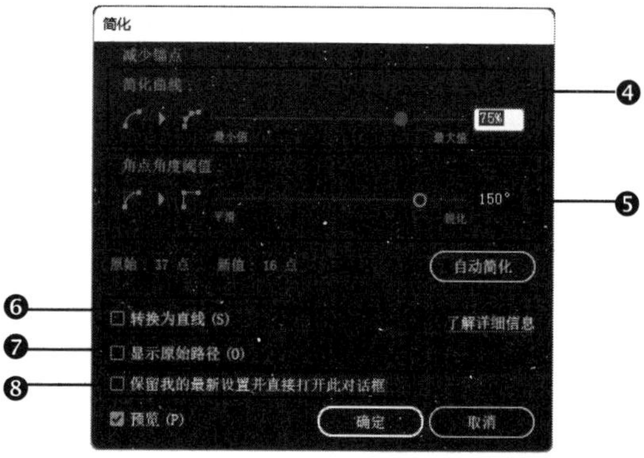

图 4-97　【简化】对话框

表 4-3　【简化】对话框内容详解

选项	功能介绍
❶指定锚点数量	用于减少锚点的滑块
❷自动简化	自动简化锚点
❸更多选项	单击此选项可打开【简化】对话框
❹简化曲线	设置简化后的路径与原始路径的接近程度。该值越小，路径的简化程度越高
❺角点角度阈值	设置角的平滑度。如果角点的角度小于该选项中设置的数值，将不会改变角点；如果角点的角度大于该值，则会被简化掉
❻转换为直线	在对象的原始锚点间创建直线
❼显示原始路径	在简化的路径背后显示原始路径，便于观察简化前后的对比效果
❽保留我的最新设置并直接打开此对话框	选中该复选框后，执行【简化】命令时，直接打开【简化】对话框

4.3.6　切割路径

使用【剪刀工具】 ✂ 可以将闭合路径分割为开放路径，也可以将开放路径进一步分割为两条开放路径，具体操作步骤如下。

步骤 01　使用【星形工具】 ☆ 绘制星形，选择【剪刀工具】 ✂ ，如图 4-98 所示。将鼠标指针移动到路径上的锚点单击，如图 4-99 所示。

步骤 02　移动鼠标到需要切割的位置单击，即可切割路径，如图 4-100 所示。

图 4-98　选择工具

图 4-99　单击锚点

图 4-100　单击切割点

温馨提示：将鼠标指针移动到路径上的某点单击，如果该位置为路径线段，单击的地方会产生两个锚点；如果单击的位置是锚点，则会产生新的锚点。使用【剪刀工具】 ✂ 分割路径时，如果在操作的过程中，单击点不在路径或锚点上，系统将弹出提示对话框，提示操作错误。

步骤 03　单击选择被切割的路径，如图 4-101 所示。

步骤 04　删除选择的路径，分割后的效果如图 4-102 所示。

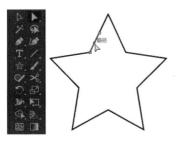

图 4-101　选择路径

图 4-102　删除路径显示效果

4.3.7　偏移路径

使用【偏移路径】命令可以在现有路径的外部或内部新建一条新的路径，具体操作步骤如下。

步骤 01　选择需要偏移的路径，执行【对象】→【路径】→【偏移路径】命令，如图 4-103 所示。

步骤 02　弹出【偏移路径】对话框，设置【位移】为 10pt，单击【确定】按钮，如图 4-104 所示。

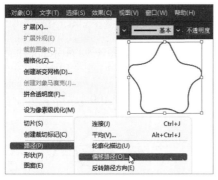

图 4-103　选择对象执行命令

图 4-104　在对话框设置参数

步骤 03　设置【位移】为 20pt，【连接】方式为圆角，单击【确定】按钮，如图 4-105 所示。

步骤 04　偏移路径效果如图 4-106 所示。

图 4-105　设置参数

图 4-106　显示效果

4.3.8 轮廓化路径

图形路径只能进行描边，不能进行颜色填充，要想对路径进行填色，需要将单路径转换为双路径，而双路径的宽度，是根据选择路径描边的宽度来决定的，具体操作方法如下。

选择需要轮廓化的路径，执行【对象】→【路径】→【轮廓化描边】命令，如图4-107所示。可以将路径转换为轮廓图形，效果如图4-108所示。

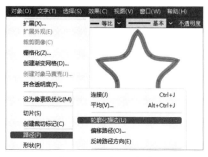

图 4-107　执行命令

图 4-108　显示效果

4.3.9 路径查找器

使用路径查找器可以组合路径，很多复杂的图形都是通过简单图形的相加、相减、相交等方式来生成的。执行【窗口】→【路径查找器】命令，可以打开【路径查找器】面板，如图4-109所示。【路径查找器】面板内容详解见表4-4。

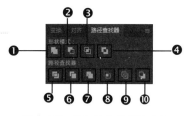

图 4-109　【路径查找器】面板

表 4-4　【路径查找器】面板内容详解

选项	功能介绍
❶联集	将所选路径合并为一个新图形，按住【Alt】键单击，创建一个复合形状，并添加到形状区域
❷减去顶层	减去上层图形与下层图形重合的区域，按住【Alt】键单击，创建一个复合形状，并从形状区域中减去
❸交集	保留路径相交的区域，按住【Alt】键单击，创建一个复合形状，并与形状区域交叉
❹差集	减去相交的区域，按住【Alt】键单击，创建一个复合形状，所选路径排除重叠的形状区域
❺分割	将所选路径根据相交线分割为单独的区域
❻修边	将所选路径重合的边进行修边
❼合并	将所选路径合并为一个对象
❽裁剪	只保留所选路径重叠的区域

续表

选项	功能介绍
❾轮廓	仅显示所选路径的轮廓，不显示填充的颜色
❿减去后方对象	减去所选路径后方的对象

选择需要进行组合的图形后，单击【路径查找器】面板中的各个按钮，可以得到不同的组合图形，具体操作步骤如下。

步骤 01 绘制图形，选择一个图形，如图 4-110 所示。

步骤 02 按住【Shift】键选择相交的第二个图形，如图 4-111 所示。

步骤 03 单击【联集】按钮，效果如图 4-112 所示。

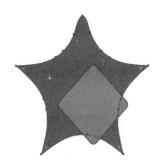
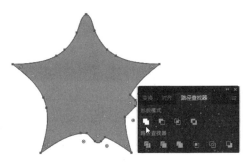

图 4-110 选择图形 1　　图 4-111 选择图形 2　　图 4-112 【联集】效果

步骤 04 选择图形，单击【减去顶层】按钮，效果如图 4-113 所示。

步骤 05 选择图形，单击【交集】按钮，效果如图 4-114 所示。

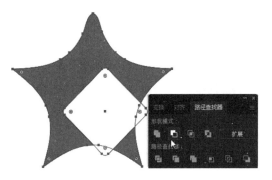
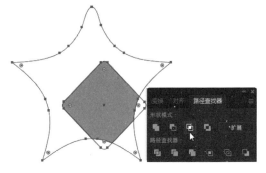

图 4-113 【减去顶层】效果　　　　　　图 4-114 【交集】效果

步骤 06 选择图形，单击【差集】按钮，效果如图 4-115 所示。

步骤 07 选择图形，单击【分割】按钮，效果如图 4-116 所示。

步骤 08 分割图形后，单击图形的某部分，效果如图 4-117 所示。

步骤 09 选择图形，单击【修边】按钮，效果如图 4-118 所示。

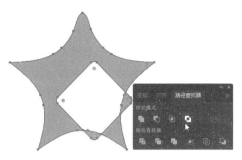

图 4-115 【差集】效果

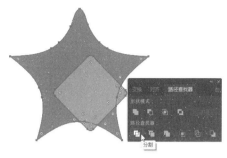

图 4-116 【分割】效果

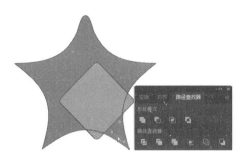

图 4-117 单击分割后的图形

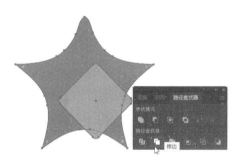

图 4-118 【修边】效果

步骤 10 　选择图形,单击【合并】按钮█,效果如图 4-119 所示。

步骤 11 　选择图形,单击【裁剪】按钮█,效果如图 4-120 所示。

步骤 12 　选择图形,单击【轮廓】按钮█,效果如图 4-121 所示。

步骤 13 　选择图形,单击【减去后方对象】按钮█,效果如图 4-122 所示。

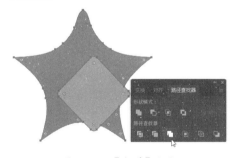

图 4-119 【合并】效果

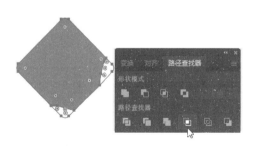

图 4-120 【裁剪】效果

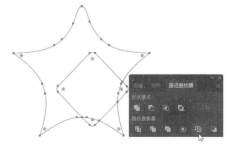

图 4-121 【轮廓】效果

图 4-122 【减去后方对象】效果

4.3.10 复合对象

将多个图形对象转换为一个完全不同的图形对象，这样不仅会改变图形对象的形状，也会将多个图形对象组合为一个图形对象，称为复合对象，复合对象包括复合形状与复合路径。

1. 复合形状

复合形状是可编辑的图稿，由两个或多个对象组成，每个对象都分配有一种形状模式。复合形状简化了复杂形状的创建过程，因为可以精确地操作每个所含路径的形状模式、堆栈顺序、形状、位置和外观。创建复合形状的具体操作方法如下。

选择对象，如图 4-123 所示。单击【路径查找器】面板右上角的【扩展】按钮，在打开的快捷菜单中选择【建立复合形状】命令，如图 4-124 所示。得到【相加】模式的复合形状，如图 4-125 所示。

图 4-123　选择对象　　　图 4-124　【路径查找器】面板菜单　　　图 4-125　复合形状

2. 复合路径

创建复合路径后，复合路径中的所有对象都将应用最下方对象的颜色和样式属性。创建复合路径的具体操作方法如下。

选择多个图形对象，如图 4-126 所示。执行【对象】→【复合路径】→【建立】命令，或者按组合键【Ctrl+8】，即可将多个图形对象转换为一个复合路径对象，效果如图 4-127 所示。

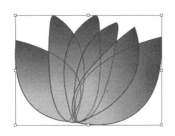
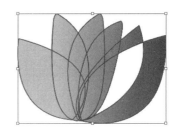

图 4-126　选择对象　　　　　　　图 4-127　复合路径效果

> **温馨提示**
> 创建复合路径后，多个图形对象就会转换为一个对象，但不是组合对象，使用【直接选择工具】只能调整锚点。

创建复合路径后，将两个图形对象合并为一个对象，两个图形对象的重叠区域会镂空，要想使镂空的区域被填充，可以在选择复合路径后右击，在弹出的快捷菜单中选择【释放复合路径】命令，如图4-128所示。或按组合键【Ctrl+Alt+Shift+8】，可以重新将复合路径恢复为原始的图形对象，效果如图4-129所示。

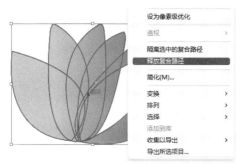

图 4-128 执行命令

图 4-129 显示效果

4.3.11 形状生成器

【形状生成器工具】是一个用于通过合并或擦除简单形状创建复杂形状的交互式工具。使用该项工具，可以在画板中直观地合并、编辑和填充形状。

1. 使用形状生成器合并图形

使用形状生成器合并图形的具体操作步骤如下。

步骤 01 使用【选择工具】选择需要创建形状的图形对象，如图4-130所示。

步骤 02 选择【形状生成器工具】，将鼠标指针指向选中图形对象的局部，即可出现高亮显示，在选择的图形对象中单击并拖动鼠标，如图4-131所示。

步骤 03 释放鼠标，即可将其合并为一个新形状，而颜色填充为工具箱中【填色】的颜色，如图4-132所示。

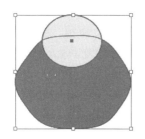

图 4-130 选择图形对象

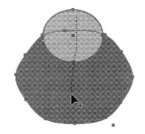

图 4-131 拖动鼠标

图 4-132 合并图形

2. 使用形状生成器分离图形

使用【形状生成器工具】，在选择的图形对象中单击，系统会根据图形对象重叠的边缘分离图形对象，并且为其重新填充颜色，如图4-133所示。

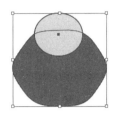 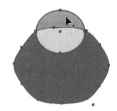 

（a）选择图形对象　　　　　（b）单击图形对象　　　　　（c）分离图形对象

图 4-133　分离图形

3. 使用形状生成器删除局部图形

默认情况下，【形状生成器工具】处于合并模式，允许合并路径或选区，也可以按住【Alt】键切换至抹除模式，以删除任何不想要的边缘或选区，如图 4-134 所示。

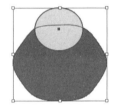 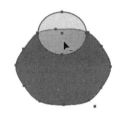 

（a）选中图形对象　　　　　（b）单击图形对象　　　　　（c）删除局部图形对象

图 4-134　删除局部图形

4.4　描摹图稿

使用实时描摹功能，可以将照片、扫描图像或其他位图转换为可编辑的矢量图形，具体操作方法如下。

打开图形文件，执行【窗口】→【图像描摹】命令，打开【图像描摹】面板，从【预设】下拉列表中选择一种预设选项，设置各自定义选项，单击【描摹】按钮即可，如图 4-135 所示。单击【高级】下拉按钮，展开隐藏面板，如图 4-136 所示。【图像描摹】面板内容详解见表 4-5。

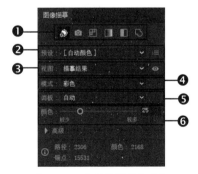 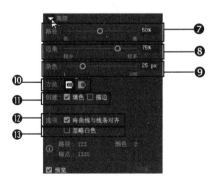

图 4-135　【图像描摹】面板　　　　　图 4-136　【图像描摹】高级面板

表 4-5 【图像描摹】面板内容详解

选项	功能介绍
❶颜色选项	单击选择颜色选项，包括自动着色、高色、低色、灰度、黑白、轮廓
❷预设	设置描摹预设，包括"默认""简单描摹""6 色""16 色"等
❸视图	如果想要查看轮廓或源图像，可在下拉列表中选择相应选项
❹模式	设置描摹结果的颜色模式
❺调板	设置从原始图像生成彩色或灰度描摹的调板
❻颜色	设置在颜色描摹结果中使用的颜色数
❼路径	控制描摹形状和原始像素形状间的差异
❽边角	设置侧重角点，该值越大，角点越多
❾杂色	设置描摹时忽略的区域，该值越大，杂色越少
❿方法	设置一种描摹方法。单击【邻接】按钮，可创建木刻路径；单击【重叠】按钮，可创建堆积路径
⓫填色/描边	选中【填色】复选框，可在描摹结果中创建填色区域；选中【描边】复选框，可在描摹结果中创建描边路径
⓬将曲线与线条对齐	设置略微弯曲的曲线是否被替换为直线
⓭忽略白色	设置白色填充区域是否被替换为无填充

4.4.1 【视图】效果

在【图像描摹】对话框的【视图】下拉列表框中可以选择视图模式，常见效果如图 4-137 所示。

（a）描摹结果　　　　　　　（b）描摹结果（带轮廓）　　　　　　（c）轮廓模式

图 4-137 【视图】效果

技能拓展

在【图像描摹】对话框中，选中【预览】复选框，可以即时预览进行参数设置后的图形输出效果。

4.4.2　【预设】效果

除了选择【视图】模式外，还可以在【图像描摹】对话框中设置其他选项来控制效果。例如，选择对象后，在【模式】下拉列表中进行选择，可以生成彩色、灰度及黑白图形效果等；在【预设】下拉列表中有多种描摹预设设置，如图 4-138 所示。

默认　　　　　　　　　高保真度照片　　　　　　　低保真度照片

3 色　　　　　　　　　　6 色　　　　　　　　　　16 色

灰阶　　　　　　　　　　黑白徽标　　　　　　　　素描图稿

剪影　　　　　　　　　　线稿图　　　　　　　　技术绘图

图 4-138　图像描摹【预设】效果

4.4.3　将描摹对象转换为矢量图形

描摹位图后，执行【对象】→【图
像描摹】→【扩展】命令，可以将其转
换为路径。如果要在描摹的同时转换
为路径，可以选择位图，如图 4-139
所示；执行【对象】→【图像描摹】→
【建立并扩展】命令，效果如图 4-140
所示。

图 4-139　选择位图

图 4-140　【建立并扩展】效果

4.4.4　释放描摹对象

描摹位图后，如果想恢复置入的原始图像，可以选择描摹对象，然后执行【对象】→【图像描摹】→
【释放】命令。

📖 课堂范例——制作怀旧油画效果

本节实例主要通过练习使用【图像描摹】中的相关效果，制作流行的人物特效，如怀旧油画效果，
具体操作步骤如下。

步骤 01　打开"素材文件\第 4 章\美女 .jpg"，如图 4-141 所示。执行【窗口】→【图像描摹】
命令，在【图像描摹】面板中设置【预设】为低保真度照片，如图 4-142 所示。

步骤 02　描摹效果如图 4-143 所示。

图 4-141　打开素材

图 4-142　【图像描摹】面板

图 4-143　图像描摹效果

步骤 03　使用【矩形工具】■绘制图形，填充黄绿色（#CCCC54），如图 4-144 所示。

步骤 04 效果如图 4-145 所示。

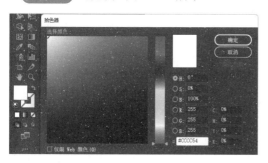

图 4-144 设置颜色

图 4-145 绘制矩形并填充颜色

步骤 05 执行【窗口】→【透明度】命令，打开【透明度】面板，如图 4-146 所示。

步骤 06 设置【混合模式】为叠加，如图 4-147 所示。通过前面的操作即可得到怀旧油画效果，如图 4-148 所示。

图 4-146 【透明度】面板

图 4-147 设置模式

图 4-148 怀旧油画效果

课堂问答

问题 1：如何清理文件中的复杂路径？

答：在创建和编辑路径过程中，常会在画板中留下多余的锚点和路径，如图 4-149 所示。执行【对象】→【路径】→【清理】命令，打开【清理】对话框，单击【确定】按钮，如图 4-150 所示。

清除多余锚点、未着色的对象和空的文本路径，如图 4-151 所示。

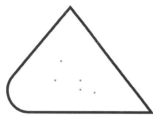

图 4-149 多余锚点

图 4-150 【清理】对话框

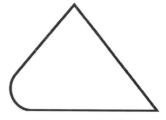

图 4-151 清理锚点

问题 2：如何使用色板库中的色板描摹图像？

答：使用色板库中的色板描摹图像的具体操作步骤如下。

步骤 01 打开"素材文件\第 4 章\镜框.jpg",如图 4-152 所示。执行【窗口】→【色板库】→【艺术史】→【流行艺术风格】命令,打开【流行艺术风格】面板,如图 4-153 所示。

步骤 02 执行【窗口】→【图像描摹】命令,打开【图像描摹】面板,设置【模式】为彩色,如图 4-154 所示。

图 4-152 打开素材

图 4-153 【流行艺术风格】面板

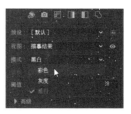
图 4-154 设置【模式】

步骤 03 设置【调板】为流行艺术风格,如图 4-155 所示。单击【描摹】按钮,如图 4-156 所示。

步骤 04 即可用该色板库中的颜色描摹图像,效果如图 4-157 所示。

图 4-155 设置【调板】

图 4-156 单击按钮

图 4-157 图像描摹效果

上机实战——制作勋章

为了巩固本章所学知识点,下面讲解一个技能综合案例,使读者对本章的知识有更深入的了解。效果展示如图 4-158 所示。

效果展示

图 4-158 勋章效果

思路分析

下面介绍如何在Illustrator 2022中绘制勋章，具体操作方法如下。

本例首先使用【星形工具】☆绘制勋章的边缘，接着使用【椭圆工具】●指定勋章尺寸，再使用【星形工具】☆绘制中心图案，最后使用【矩形工具】□完成制作。

制作步骤

步骤01　新建空白文档，选择【星形工具】☆，在画板上单击打开【星形】对话框，先设置半径，再设置角点数，单击【确定】按钮，图形效果如图 4-159 所示。

步骤02　打开【属性】面板，单击【外观】区域的【填色】图标□，单击面板左下角的【色板库】面板按钮 ，如图 4-160 所示。

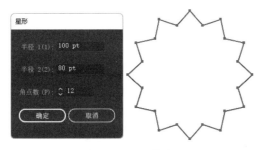
图 4-159　绘制图形

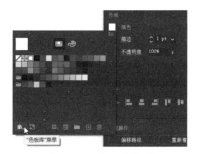
图 4-160　打开色板库

步骤03　指向【渐变】选项，在扩展菜单中单击【淡色和暗色】选项，如图 4-161 所示。

步骤04　使用【选择工具】▶选择绘制的星形形状，在打开的【淡色和暗色】色板库中单击【淡色和暗色】色板库中的【橙色】，为星形形状填充橙色，如图 4-162 所示。

步骤05　在选项栏中设置星形边框为白色，描边粗细为4pt，如图 4-163 所示。

图 4-161　选择选项

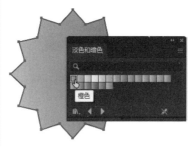
图 4-162　设置颜色

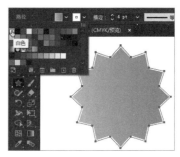
图 4-163　设置边框

步骤06　按【Ctrl+C】组合键复制星形，按【Ctrl+B】组合键粘贴，按住【Shift+Alt】组合键拖动鼠标等比例放大形状，如图 4-164 所示。

步骤07　在选项栏设置【边框】为无，在色板库选择填充色为赭色，如图 4-165 所示。

步骤 08 选择【椭圆工具】■，绘制正圆，在选项栏设置【描边】为白色，描边粗细为2pt，如图4-166所示。

图4-164 复制并放大形状

图4-165 填充颜色

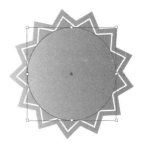

图4-166 绘制正圆

步骤 09 按【Ctrl+C】组合键复制，按【Ctrl+F】组合键粘贴，按住【Shift+Alt】组合键，等比例缩小圆形，如图4-167所示。

步骤 10 在色板库中单击橙色，为上方的圆形形状填充橙色，如图4-168所示。

步骤 11 选择【星形工具】■，按住【Alt】键绘制形状，单击【直接选择工具】■，显示实时转角，拖曳实时转角控件，将星形的尖角转换为圆角，如图4-169所示。

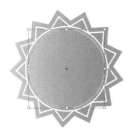

图4-167 复制并缩小圆

图4-168 填充颜色

图4-169 将星形尖角转换为圆角

步骤 12 在色板库中将填充颜色设置为金色，如图4-170所示。

步骤 13 选择【星形工具】■，在画板上单击打开【星形】对话框，设置角点数为5，单击【确定】按钮，绘制五角星形状，设置填充色为淡金色，【描边】为无，如图4-171所示。

步骤 14 使用【矩形工具】■绘制矩形，旋转角度移动到适当位置，如图4-172所示。

图4-170 填充颜色

图4-171 绘制五角星填充颜色

图4-172 绘制矩形并旋转角度

步骤 15 右击打开快捷菜单，选择【排列】→【置于底层】命令，在色板库中设置填充色为橙色，如图4-173所示。

步骤 16 按【Ctrl+C】组合键复制矩形，按【Ctrl+F】组合键粘贴到前面，缩减矩形宽度，将填充色设置为白色，如图 4-174 所示。

步骤 17 使用同样的方法复制粘贴矩形，并缩减矩形宽度，在色板库中将填充色设置为红色，如图 4-175 所示。

步骤 18 使用【选择工具】框选所有的矩形，按住【Alt】键移动复制形状，旋转形状，调整各个形状的位置、大小，完成勋章图标的制作，效果如图 4-176 所示。

图 4-173 填充颜色

图 4-174 复制矩形并填充颜色 1

图 4-175 复制矩形并填充颜色 2

图 4-176 勋章图标的制作效果

同步训练——绘制爱心效果

通过上机实战案例的学习，为了增强读者的动手能力，下面安排一个同步训练案例，让读者达到举一反三、触类旁通的学习效果。

图解流程

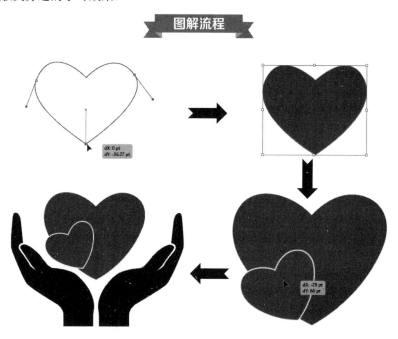

思路分析

心形符号常被用在所有表达爱意的场合，除了爱情，还包括母爱、父爱，甚至对宠物的爱，下面介绍如何绘制爱心效果。

本例首先使用【钢笔工具】✐绘制心形轮廓，接下来复制图形丰富画面，最后添加素材图形，完成制作。

关键步骤

步骤 01 新建空白文件，选择【钢笔工具】✐，在画板中单击确定锚点，在下一点单击并拖动绘制曲线，如图 4-177 所示。

步骤 02 在下一点单击，如图 4-178 所示。继续在下一点单击并拖动鼠标，绘制图形，如图 4-179 所示。

图 4-177 绘制曲线

图 4-178 单击定义锚点

图 4-179 继续绘制图形

步骤 03 移动鼠标到路径起点，单击起点闭合图形，如图 4-180 所示。

步骤 04 选择【直接选择工具】▶，拖动调整右侧锚点，使图形看起来左右对称，效果如图 4-181 所示。选择左侧锚点，拖动上方的方向点，调整曲线形状，如图 4-182 所示。选择下方锚点，拖动调整曲线形状，如图 4-183 所示。

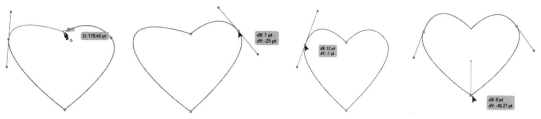

图 4-180 闭合图形　　图 4-181 调整图形　　图 4-182 拖动左侧锚点　图 4-183 拖动下方锚点

步骤 05 设置颜色为 #E60012，如图 4-184 所示。

步骤 06 为图形填充红色，如图 4-185 所示。在选项栏中，设置描边颜色为白色，描边粗细为 2pt，如图 4-186 所示。

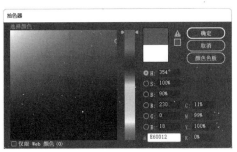

图 4-184　设置颜色

图 4-185　填充图形

图 4-186　描边图形

步骤 07　选择【平滑工具】，在右侧不平滑的位置，拖动鼠标平滑曲线；在左侧不平滑的位置，拖动鼠标平滑曲线，如图 4-187 所示。

步骤 08　单击【选择工具】，按住【Alt】键，拖动复制图形，如图 4-188 所示。

图 4-187　平滑曲线

图 4-188　复制图形

步骤 09　拖动左下角的控制点，适当缩小图形，拖动鼠标适当旋转图形，如图 4-189 所示。

步骤 10　移动图形到左侧适当位置，如图 4-190 所示。

步骤 11　打开"素材文件\第4章\手.ai"，选择手，如图 4-191 所示。

步骤 12　复制粘贴到当前文件中，并移动到适当位置，效果如图 4-192 所示。

图 4-189　旋转图形

图 4-190　缩小图形

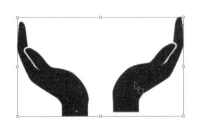

图 4-191　复制图形

图 4-192　显示效果

知识能力测试

本章讲解了绘图工具的应用和编辑，为对知识进行巩固和考核，接下来布置相应的练习题。

一、填空题

1. 使用绘图工具绘制图形时，_____由一个或多个直线段或者曲线段组成。

2. 将多个图形对象组合为一个图形对象，称为复合对象，复合对象包括_____与复合路径。

3. 在 Illustrator 2022 中，使用钢笔工具绘制开放式路径需要终止时，只需按住_____键在路径外任意一处单击即可。

二、选择题

1.（　　）分为平滑点和角点，平滑曲线由平滑点连接而成，直线和转角曲线由角点连接而成。

A. 锚点　　　　　　　　B. 转折点　　　　　　　　C. 手柄　　　　　　　　D. 路径

2. 除了选择【视图】模式外，还可以在（　　）对话框中设置其他选项来控制效果。

A.【效果】菜单　　　　B. 像素化选项　　　　C.【图像描摹】　　　　D.【颜色设置】

3. 使用（　　）可以组合路径，很多复杂的图形都是通过简单图形的相加、相减、相交等方式来生成的。

A. 路径选项栏　　　　B. 变换面板　　　　C. 对齐面板　　　　D. 路径查找器

三、简答题

1.【形状生成器工具】有什么作用？

2. 什么是实时转角？

Illustrator 2022

绘制图形后，需要对图形进行上色，Illustrator 2022 为用户提供了很多填色工具和命令。本章将详细介绍单色填充及实时上色的方法与技巧，通过这些工具和命令的应用，用户可以快速绘制出色彩鲜艳的图形。

学习目标

- 熟练掌握图形的填充和描边方法
- 熟练掌握实时上色的方法
- 熟练掌握渐变色及网格的应用
- 熟练掌握图案填充和描边的应用

图形的填充和描边

绘制图形时，除了需要完整的图形轮廓，还需要有丰富的色彩才能构成一幅完整的作品，本节将详细介绍如何进行图形的填充和描边。

5.1.1 使用工具箱中的【填色】和【描边】图标填充颜色

双击工具箱中的【填色】和【描边】图标，可以打开【拾色器】对话框，在该对话框中，用户可以通过选择色谱、定义颜色值等方式快速选择对象的填色或描边颜色。

1. 工具箱中的颜色控制按钮

工具箱左下方为颜色控制按钮，如图 5-1 所示。单击该区域的颜色按钮会打开【颜色】面板，如图 5-2 所示。颜色控制按钮内容详解见表 5-1。

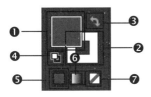

图 5-1　颜色控制按钮

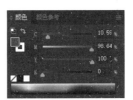

图 5-2　【颜色】面板

表 5-1　颜色控制按钮内容详解

选项	功能介绍
❶填色	快速设置图形中的填充颜色
❷描边	快速设置对象的轮廓颜色
❸互换填色和描边	可以在填色和描边之间切换颜色
❹默认填色和描边	切换至默认设置
❺颜色	将上次选中的纯色应用于具有渐变色或者没有描边或填充色的对象
❻渐变	将当前选中的填色改为上次应用的渐变颜色值
❼无	删除对象的填色和描边

2.【拾色器】对话框

使用【拾色器】对话框填充颜色的具体操作步骤如下。

步骤 01　选择需要填充的图形对象，双击工具箱中的【填色】图标，如图 5-3 所示。

步骤 02　弹出【拾色器】对话框，设置颜色值（#F9D3E3），完成设置后，单击【确定】按钮即可，如图 5-4 所示。填色效果如图 5-5 所示。

图 5-3　选择图形

图 5-4　【拾色器】对话框

图 5-5　填充颜色

5.1.2　通过选项栏填充颜色和描边

选择图形后，在选项栏中可以直接设置填充和描边颜色，还可以设置描边粗细、描边装饰等属性，如图 5-6 所示。

图 5-6　选项栏

5.1.3　使用【色板】和【颜色】面板填充颜色

通过【色板】面板可以控制所有文档的颜色、渐变、图案和色调；而【颜色】面板可以使用不同的颜色模式显示颜色值，然后将颜色应用于图形的填充或描边。

1.【色板】面板

执行【窗口】→【色板】命令，即可打开【色板】面板。选择需要填充的图形后，单击【色板】面板中需要的色块，即可为图形填充颜色，如图 5-7 所示。

2.【颜色】面板

执行【窗口】→【颜色】命令，即可打开【颜色】面板。选择需要填充的图形后，在【颜色】面板中单击需要的颜色，即可为图形填充颜色，如图 5-8 所示。

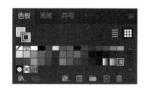
图 5-7　【色板】面板

图 5-8　【颜色】面板

5.2　创建实时上色

【实时上色】是一种创建彩色图画的直观方法，犹如画家在画布上作画，先使用铅笔等绘图工具绘制一些图形轮廓，然后对这些描边之间的区域进行颜色的填充。

5.2.1　实时上色组

【实时上色】是通过路径将图形划分为多个上色区域，每一个区域都可以单独上色或描边。在进行实时上色操作之前，需要创建实时上色组，具体操作步骤如下。

步骤 01　打开"素材文件\第 5 章\小鸡.ai"，按【Ctrl+A】组合键选择对象，执行【对象】→【实时上色】→【建立】命令或按【Ctrl+Alt+X】组合键，将对象创建为实时上色组，如图 5-9 所示。

步骤 02　右击【形状生成器工具】，单击【实时上色工具】或按【K】键，如图 5-10 所示。设置工具箱中的【填色】颜色为黄色（#FED600），如图 5-11 所示。

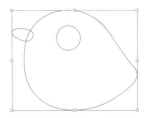

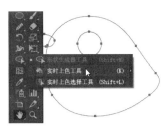

图 5-9　选择对象　　　　图 5-10　选择工具　　　　图 5-11　设置颜色

步骤 03　移动鼠标指针到指定填充位置，如图 5-12 所示。单击即可为选择的区域填充颜色，如图 5-13 所示。

步骤 04　设置【填色】颜色为褐色（#685507），如图 5-14 所示。

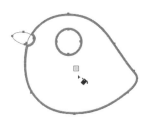

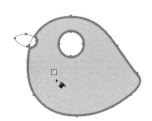

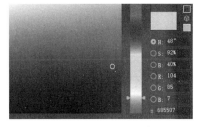

图 5-12　指定填充位置　　　图 5-13　填充浅黄色　　　图 5-14　设置颜色

步骤 05　移动鼠标指针到眼睛位置，单击即可填充颜色，如图 5-15 所示。

步骤 06　移动鼠标指针到嘴角位置，单击即可填充颜色，如图 5-16 所示。

步骤 07　设置工具箱中的【填色】颜色为红色（#E60012），移动鼠标到嘴尖位置，单击填充红色，如图 5-17 所示。

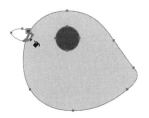

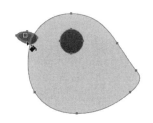

图 5-15　填充眼睛　　　　图 5-16　填充嘴角　　　　图 5-17　填充嘴尖

温馨
提示

在图形区域内部，除了能够填充单色外，还可以填充图案，只要将【填色】色块设置为图案即可。

5.2.2 为边缘上色

当图形对象转换为实时上色组后，再使用【实时上色工具】并不能为图形对象的边缘设置描边颜色，为边缘实时上色的具体操作步骤如下。

步骤 01 打开"素材文件\第 5 章\熊猫 .ai"，单击工具箱中的【实时上色选择工具】，如图 5-18 所示。

步骤 02 单击实时上色组中上方的某段路径将其选中，如图 5-19 所示。

图 5-18 选择工具

图 5-19 选中路径

步骤 03 选中路径后，即可在选项栏中设置轮廓的图案，设置描边粗细为 4pt，如图 5-20 所示。

步骤 04 描边效果如图 5-21 所示。

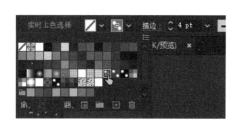
图 5-20 设置描边图案及粗细

图 5-21 描边效果

双击【实时上色选择工具】，可以打开【实时上色选择选项】对话框，在对话框中可以设置实时上色的各项参数，如图 5-22 所示。【实时上色选择选项】对话框内容详解见表 5-2。

图 5-22 【实时上色选择选项】对话框

表 5-2 【实时上色选择选项】对话框内容详解

选项	功能介绍
❶选择填色	选中此项后，可对实时上色组中的各表面进行上色
❷选择描边	对实时上色组中的各边缘上色
❸突出显示	设置突出显示的颜色和宽度

5.2.3　释放和扩展实时上色

【释放】和【扩展】命令可以将实时上色组转换为普通路径。

1.释放实时上色组

选择实时上色组，如图 5-23 所示。执行【对象】→【实时上色】→【释放】命令，可以将实时上色组转换为对象原始形状，所有内部填充被取消，只保留黑色描边，如图 5-24 所示。

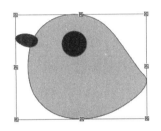

图 5-23　实时上色组

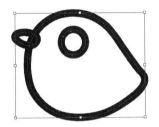

图 5-24　释放效果

2.扩展实时上色组

选择实时上色组，如图 5-25 所示。执行【对象】→【实时上色】→【扩展】命令，可以将每个实时上色组的表面和轮廓转换为独立的图形，并划分为两个编组对象，所有表面为一个编组，所有轮廓为另一个编组。

在对象上右击，在弹出的快捷菜单中选择【取消编组】命令，如图 5-26 所示。通过前面的操作即可解散编组，解散编组后即可查看各个单独的对象，如图 5-27 所示。

图 5-25　实时上色组

图 5-26　选择【取消编组】命令

图 5-27　查看单独对象

📚 课堂范例——为水果篮上色

本案例主要练习为图形实时上色，具体操作步骤如下。

(步骤 01)　打开"素材文件\第 5 章\水果篮.ai"，选择所有图形，执行【对象】→【实时上色】→【建立】命令，将对象创建为实时上色组，如图 5-28 所示。

(步骤 02)　设置前景色为深黄色（#C5AC28），单击【实时上色工具】🖌，移动鼠标指针到提手位置，单击即可为选择的区域填充颜色，如图 5-29 所示。

(步骤 03)　继续在下方单击为其他区域填充颜色，如图 5-30 所示。

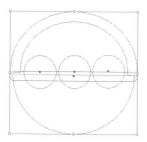

图 5-28　创建实时上色组

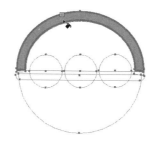

图 5-29　填充颜色

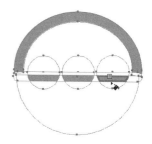

图 5-30　为其他区域填充颜色

步骤 04　设置前景色为黄色（#FFF100），单击【实时上色工具】🛢，移动鼠标指针到其他位置，依次单击，即可为选择的区域填充颜色，如图 5-31 所示。

步骤 05　设置前景色为红色（#D04A1E），填充水果区域，如图 5-32 所示。设置前景色为橙色（#E2C62B），填充果篮区域，如图 5-33 所示。

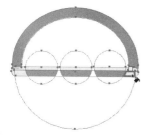

图 5-31　填充黄色

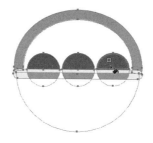

图 5-32　填充红色

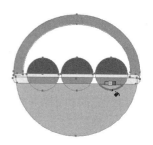

图 5-33　填充橙色

步骤 06　单击【实时上色选择工具】🛢，选择上方的线段，如图 5-34 所示。

步骤 07　在选项栏中，在【轮廓】下拉面板中选择果绿色色块，设置描边粗细为 1pt，如图 5-35 所示。

步骤 08　对上方线段填充颜色的效果如图 5-36 所示。

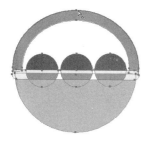

图 5-34　选择上方线段

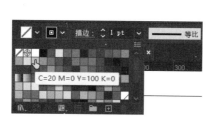

图 5-35　设置轮廓颜色及粗细

图 5-36　填充效果

步骤 09　按照前面的方法，选择下方线条，在选项栏的【轮廓】下拉面板中单击右上角的🗏，选择【新建色板】命令，在弹出的【新建色板】对话框中新建一个深黄色（R: 212, G: 220, B: 35），单击【确定】按钮，如图 5-37 所示。

步骤 10　下方线段填充颜色的效果如图 5-38 所示。

步骤 11　执行【对象】→【实时上色】→【扩展】命令，右击，在弹出的快捷菜单中选择【取消编组】命令，如图 5-39 所示。

图 5-37 设置轮廓颜色及粗细 图 5-38 填充颜色效果 图 5-39 取消编组

步骤 12 取消编组后，继续选择内部图形，右击，在弹出的快捷菜单中选择【取消编组】命令。解散编组后，选择下方的图形，如图 5-40 所示。

步骤 13 执行【效果】→【风格化】→【涂抹】命令，打开【涂抹选项】对话框，设置【设置】为密集，单击【确定】按钮，如图 5-41 所示。

步骤 14 果篮设置涂抹后的效果如图 5-42 所示。

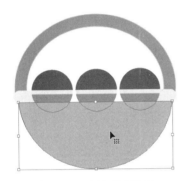  

图 5-40 选择下方图形 图 5-41 【涂抹选项】对话框 图 5-42 最终效果

5.3 渐变色及网格的应用

创建渐变色可以在对象内或对象间填充平滑过渡色。网格对象是一种多色对象，其填充的颜色可以沿不同方向顺畅分布且从一点平滑过渡到另一点。

5.3.1 渐变色的创建与编辑

在 Illustrator 2022 中，创建渐变填充的方法很多，在渐变填充效果中较为常用的是线性渐变和径向渐变。

1. 创建线性渐变

线性渐变是指两种或两种以上的颜色在同一条直线上的逐渐过渡。该颜色效果与单色填充相同，均是在工具箱底部显示默认渐变色块，单击工具箱底部的【渐变】图标▣，即可将单色填充转换为黑白线性渐变，如图 5-43 所示。

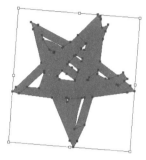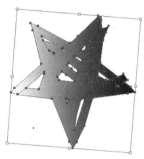

图 5-43　将单色填充转换为黑白线性渐变

2.【渐变】面板

工具箱中的渐变效果只是固定的渐变效果，如果想要得到更加丰富的渐变样式，可以双击工具箱中的【渐变】图标▣，或者执行【窗口】→【渐变】命令，打开【渐变】面板，如图 5-44 所示。【渐变】面板内容详解见表 5-3。

图 5-44　【渐变】面板

表 5-3　【渐变】面板内容详解

选项	功能介绍
❶渐变类型	包括线性和径向两种渐变类型
❷填色/描边	与工具箱中的【填色】【描边】图标相同
❸描边	在描边中应用渐变的方式
❹角度	设置渐变填充的角度
❺反向渐变	调整渐变色的方向，使之反转
❻渐变滑块	拖动该滑块，可以设置渐变色之间的过渡位置
❼渐变色标	在渐变色条下方单击即可增加渐变色标
❽色标选项	设置选中的渐变色标（色标下部为黑色表示选中色标，色标下部为白色表示未选中色标）的不透明度和位置

3. 创建径向渐变

径向渐变从起始颜色以类似于圆的形式向外辐射，逐渐过渡到终止颜色，而不受角度的约束。用户可以改变径向渐变的起始颜色和终止颜色，以及渐变填充中心点的位置，从而生成不同的渐变填充效果。

如果是以单色填充创建径向渐变，那么选中单色图形对象后，在【色板】面板中单击【径向渐变】色块，即可得到径向渐变填充效果。

4. 改变渐变颜色

默认情况下创建的渐变均为黑白渐变，而渐变颜色的设置主要是通过【渐变】面板和【颜色】面板结合完成的，以径向渐变为例，改变渐变颜色的具体操作步骤如下。

步骤 01 打开"素材文件\第 5 章\风景 .ai"，选择需要改变渐变颜色的对象，如图 5-45 所示。在【渐变】面板中，设置【类型】为【径向渐变】，如图 5-46 所示。

步骤 02 双击右侧的【渐变滑块】图标，如图 5-47 所示。

图 5-45 选择图形

图 5-46 选择渐变类型

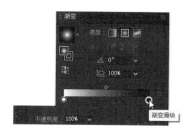
图 5-47 双击图标

在【渐变】面板中，拖动右下角的图标，可以将面板变宽。在这样的情况下，可以更方便地添加多个渐变色标。

步骤 03 打开【颜色】面板，如图 5-48 所示。在面板中单击【色板】按钮，单击【蓝色】色块，如图 5-49 所示。

步骤 04 通过前面的操作，改变渐变颜色，如图 5-50 所示。

图 5-48 【颜色】面板

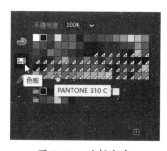
图 5-49 选择颜色

图 5-50 填充渐变色

5. 调整渐变效果

除了使用【渐变】面板对渐变颜色进行编辑外，还可以通过其他方法更改或调整图形对象的渐变属性。使用渐变工具调整渐变效果的具体操作方法如下。

选择需要调整的对象，单击【渐变工具】▦，在渐变对象内任意位置单击或拖动渐变色条，即可改变径向渐变的中心位置，如图 5-51 所示。

图 5-51　改变渐变中心

单击并拖动渐变色条上的控制点，可以改变渐变色的方向、位置，并直观地调整渐变效果，如图 5-52 所示。

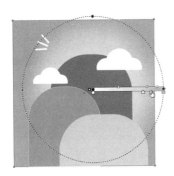

图 5-52　调整渐变效果

6. 将渐变扩展为图形

选择渐变对象，如图 5-53 所示。执行【对象】→【扩展】命令，打开【扩展】对话框，选中【填充】复选框，在【指定】文本框中输入数值，单击【确定】按钮，如图 5-54 所示。通过前面的操作，可将渐变扩展为指定数量的图形，如图 5-55 所示。

图 5-53　选择图形　　　　　图 5-54　【扩展】对话框　　　　　图 5-55　扩展效果

5.3.2　网格渐变的创建与编辑

网格渐变填充能够从一种颜色平滑过渡到另一种颜色，使对象产生多种颜色混合的效果，用户可以基于矢量对象创建网格对象。

1.创建渐变网格

网格由网格点、网格线和网格面片三个部分构成，在进行网格渐变填充前，必须首先创建网格，具体操作步骤如下。

步骤 01　打开"素材文件\第 5 章\云朵.ai"，选择对象，执行【对象】→【创建渐变网格】命令，弹出【创建渐变网格】对话框，在对话框中设置网格的行数、列数及外观，完成设置后单击【确定】按钮，如图 5-56 所示。

步骤 02　设置网格的效果如图 5-57 所示。

步骤 03　单击【网格工具】，在网格点上单击选中网格，拖动控制点可以改变网格线的形状，在【色板】面板中可以设置网格点的颜色，如图 5-58 所示。

图 5-56　【创建渐变网格】对话框

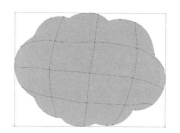

图 5-57　网格效果

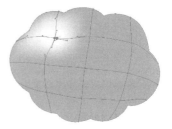

图 5-58　设置网格点的颜色

> **温馨提示**
> 在【创建渐变网格】对话框中的【外观】下拉列表框中，可以选择高光的方向，若选择【平淡色】选项，则会将对象的原色均匀地覆盖在对象表面，不产生高光；若选择【至中心】选项，则会在对象的中心创建高光；若选择【至边缘】选项，则会在对象的边缘处创建高光。

步骤 04　除了配合【Shift】键选择多个网格点以调整颜色外，用户还可以使用【直接选择工具】单击选择一个或多个网格面片，如图 5-59 所示。

步骤 05　通过颜色工具调整颜色，如通过【色板】面板调整颜色，如图 5-60 所示。

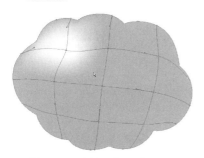

图 5-59　选择网格面片

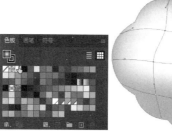

图 5-60　调整颜色

使用【网格工具】图在图形上单击可创建一个具有最少网格线数的网格对象。

2. 将渐变图形转换为渐变网格

使用渐变填充的图形对象可以转换为渐变网格对象。选择渐变对象，执行【对象】→【扩展】命令，打开【扩展】对话框，选择【填充】和【渐变风格】选项即可。

3. 增加网格线

使用【网格工具】图可以在渐变网格对象上增加网格线，增加网格线的具体操作方法如下。

选择【网格工具】图，在网格面片的空白处单击，如图 5-61 所示；可增加纵向和横向两条网格线，如图 5-62 所示；在网格线上单击，可增加一条平行的网格线，如图 5-63 所示。

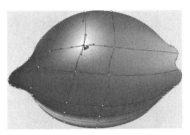

图 5-61　单击空白处　　　　图 5-62　增加两条网格线　　　　图 5-63　增加一条网格线

4. 删除网格线

使用【网格工具】图在网格点或网格线上单击时，同时按住【Alt】键，可以删除相应的网格线。

5. 调整网格线

使用【网格工具】图或【直接选择工具】▶单击并拖动网格面片，可移动其位置；使用【直接选择工具】▶拖动网格单元，可调整区域位置；使用【直接选择工具】▶选择网格点后，可拖动四周的调节点，调整控制线的形状，以影响渐变填充颜色。

6. 从网格对象中提取路径

将图形转换为渐变网格后，将不具有路径的属性。如果想保留图形的路径属性，可以从网格中提取对象原始路径，具体操作方法如下。

选择网格对象，如图 5-64 所示。执行【对象】→【路径】→【偏移路径】命令，打开【偏移路径】对话框，设置【位移】为 0，单击【确定】按钮，如图 5-65 所示。使用【选择工具】▶移动网格对象，即可看到与网格图形相同的路径，如图 5-66 所示。

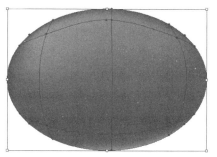

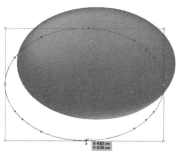

图 5-64　选择网格对象　　　图 5-65　【偏移路径】对话框　　　图 5-66　选择路径

📖 课堂范例——制作苹果心

本案例主要通过创建渐变网格和填充、渐变填充等工具命令，创建心形苹果，具体操作步骤如下。

步骤01　打开"素材文件\第5章\心形.ai"，选择心形图形，如图5-67所示。

步骤02　在工具箱中，单击【填色】图标，在弹出的【拾色器】对话框中，设置填充为红色（#EB2662），单击【确定】按钮，填充效果如图5-68所示。

步骤03　执行【对象】→【创建渐变网格】命令，在【创建渐变网格】对话框中，设置【行数】为5，【列数】为8，单击【确定】按钮，渐变网格如图5-69所示。

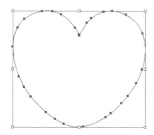

图 5-67　选择图形　　　图 5-68　填充红色　　　图 5-69　创建渐变网格

步骤04　选择【网格工具】，调整渐变网格，如图5-70所示。

步骤05　选择【直接选择工具】，按住【Shift】键，依次单击选择下方的几个锚点，如图5-71所示。

步骤06　单击工具箱中的【填色】图标，在打开的【拾色器】对话框中设置填充颜色为深红色（#D13D6C），效果如图5-72所示。

图 5-70　调整网格形状　　　图 5-71　选择下方锚点　　　图 5-72　设置填充颜色

步骤 07　用同样的方法，依次单击选择上方的几个锚点，如图 5-73 所示。

步骤 08　单击工具箱中的【填色】图标，在打开的【拾色器】对话框中设置填充颜色为浅红色（#FF87AA），效果如图 5-74 所示。使用【直接选择工具】▶单击选择左侧网格面片，设置颜色为浅红色（#FF87AA），效果如图 5-75 所示。

图 5-73　选择上方锚点　　　　图 5-74　填充颜色　　　　图 5-75　改变左侧填充颜色

步骤 09　使用【直接选择工具】▶单击选择右侧网格面片，设置颜色为浅红色（#FF87AA），效果如图 5-76 所示。选择【钢笔工具】✐绘制叶片，如图 5-77 所示。

步骤 10　在英文输入法状态下按【.】键或在工具箱中单击【渐变】图标，在弹出的【渐变】面板中，设置【类型】为线性渐变，单击选择左侧渐变滑块，如图 5-78 所示。

图 5-76　改变右侧填充颜色　　　图 5-77　绘制叶片　　　　图 5-78　选择滑块

步骤 11　设置左侧图标【位置】为 20%，如图 5-79 所示。

步骤 12　双击左侧滑块，输入深绿色（#69B535），如图 5-80 所示。双击右侧滑块，输入浅绿色（#B3F02D），如图 5-81 所示。

步骤 13　渐变设置完成，效果如图 5-82 所示。

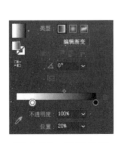   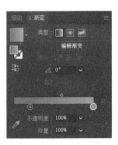

图 5-79　设置位置　　　图 5-80　为左侧滑块　　　图 5-81　为右侧滑块　　　图 5-82　显示效果
　　　　　　　　　　　　　　　设置颜色　　　　　　　　设置颜色

步骤 14　通过前面的操作，为树叶填充渐变色，如图 5-83 所示。执行【对象】→【扩展】命令，在【扩展】对话框中选中【填充】复选框和【渐变网格】单选按钮，单击【确定】按钮，如图 5-84 所示。

步骤 15　使用【网格工具】在绿叶上单击，创建渐变网格，如图 5-85 所示。使用【直接选择工具】选择中间的两个锚点，如图 5-86 所示。

图 5-83　渐变色效果

图 5-84　【扩展】对话框

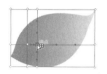
图 5-85　创建渐变网格

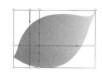
图 5-86　选择锚点

步骤 16　为锚点填充深绿色（#5AA35C），如图 5-87 所示。

步骤 17　使用【直接选择工具】选择右上角的网格面片，如图 5-88 所示。填充浅绿色，如图 5-89 所示。

图 5-87　填充深绿色

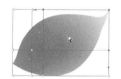
图 5-88　选择网格面片

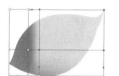
图 5-89　填充浅绿色

步骤 18　使用【直接选择工具】拖动锚点，调整填充效果，如图 5-90 所示。移动树叶到适当位置，最终效果如图 5-91 所示。

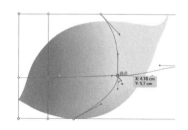
图 5-90　调整锚点

图 5-91　最终效果

5.4　图案填充和描边应用

Illustrator 2022 内置大量的预设图案填充效果，这样不仅方便图案的填充，也方便图案的保存。在【描边】面板中，可以设置轮廓效果。

5.4.1 填充预设图案

图案填充的方式和单色填充相同，具体操作步骤如下。

步骤 01　执行【窗口】→【色板】命令，打开【色板】面板，单击【色板】底部的【"色板库"菜单】按钮，如图 5-92 所示。

步骤 02　在弹出的【图案】菜单选项中，包括【基本图形】【自然】【装饰】子菜单，选择【基本图形_点】图案，如图 5-93 所示。打开【基本图形_点】面板，如图 5-94 所示。

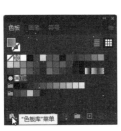

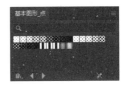

图 5-92　【色板】面板　　　　　　图 5-93　"色板库"菜单　　　　　图 5-94　【基本图形_点】面板

步骤 03　打开"素材文件\第 5 章\相机.ai"，选择需要填充的对象，如图 5-95 所示。

步骤 04　单击【基本图形_点】面板中的【波浪形细网点】图案，如图 5-96 所示。对相机对象进行图案填充后的效果如图 5-97 所示。

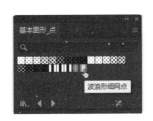

图 5-95　选择图形　　　　　　图 5-96　单击目标图案　　　　　图 5-97　图案填充效果

5.4.2 使用【描边】面板

使用【描边】面板可以控制线段的粗细、虚实、斜角限制和线段的端点样式等参数。执行【窗口】→【描边】命令可以打开【描边】面板，如图 5-98 所示，在该面板中可以设置对象边线的各种参数。【描边】面板内容详解见表 5-4。

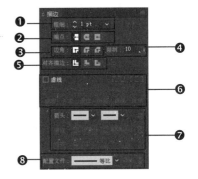

图 5-98　【描边】面板

表 5-4 【描边】面板内容详解

选项	功能介绍
❶粗细	设置描边线条的宽度。该值越大，描边越粗
❷端点	设置开放式路径两个端点的形状
❸边角	设置直线路径中边角处的连接方式
❹限制	设置斜角的大小
❺对齐描边	如果对象是闭合的路径，可单击相应的按钮来设置描边与路径对齐的方式
❻虚线	在【虚线】文本框中设置虚线线段的长度，在【间隙】文本框中设置线段的间距
❼箭头	【缩放】选项可以调整箭头的缩放比例。单击■按钮，箭头会超过路径的末端；单击■按钮，可以将箭头放置于路径的终点
❽配置文件	选择配置文件后，可以让描边的宽度发生变化

常见的描边效果如图 5-99 所示。

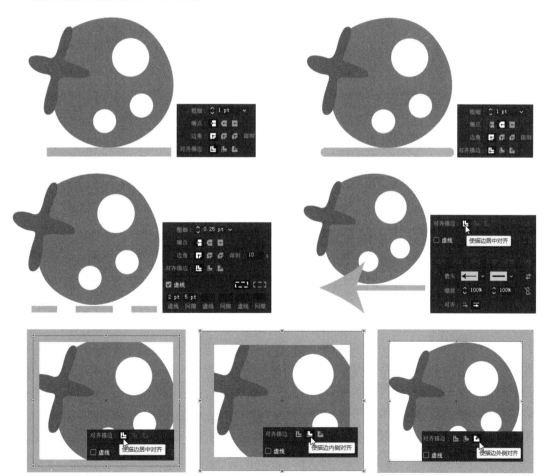

图 5-99 描边效果

📚 课堂范例——填充衣服花色

本案例使用填充和描边命令给图形人物中的相应部分填充颜色，具体操作步骤如下。

步骤 01 打开"素材文件\第 5 章\人物.ai"，使用【选择工具】▷选择人物衣服，如图 5-100 所示。

步骤 02 在【色板】面板中，单击【"色板库"菜单】按钮，在打开的菜单中选择【图案】→【基本图形】→【基本图形_纹理】，如图 5-101 所示。

步骤 03 在打开的【基本图形_纹理】面板中单击【灌木丛】图案，如图 5-102 所示。

图 5-100 选择图形   图 5-101 选择图案面板   图 5-102 选择图案

步骤 04 选择领口、腰带和鞋子对象，如图 5-103 所示。在【色板】面板中单击红色图案，如图 5-104 所示。

步骤 05 对选择的对象填充红色，填充效果如图 5-105 所示。

图 5-103 衣服填充效果   图 5-104 【色板】面板   图 5-105 红色填充效果

步骤 06 使用【选择工具】▷选择手臂，如图 5-106 所示。在【描边】面板中，单击【圆头端点】按钮，如图 5-107 所示。

步骤 07 得到圆滑的手臂效果，如图 5-108 所示。

步骤 08 使用【选择工具】▷选择手提箱，在【色板】面板中，更改颜色为深红色，如图 5-109 所示。

图 5-106 选择手臂	图 5-107 设置参数	图 5-108 手臂效果	图 5-109 显示效果

课堂问答

问题 1：网格点和网格面片应用颜色时有什么区别？

答：在网格点上应用颜色时，颜色以该点为中心向外扩展，如图 5-110 所示。在网格面片中应用颜色时，颜色以该区域为中心向外扩散，如图 5-111 所示。

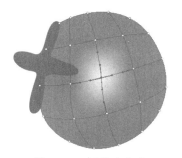

图 5-110 网格点上色

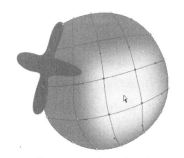

图 5-111 网格面片上色

温馨提示

创建网格对象时，过于细密的网格会降低工作效率，所以，最好创建多个简单的网格对象，不要创建一个过于复杂的网格对象。

问题 2：锚点与网格点有什么区别？

答：锚点不能上色，它只能起到编辑形状的作用，并且添加锚点也不会生成网格线，删除锚点也不会删除网格线。网格点是一种特殊锚点，它具有锚点的所有属性，并且还可以添加颜色。

上机实战——制作猫头鹰卡通标识

为让读者巩固本章所学知识点，下面讲解一个技能综合案例，使读者对本章的知识有更深入的了解。效果展示如图 5-112 所示。

效果展示

图 5-112　猫头鹰标识

思路分析

使用 Illustrator 绘制标识很方便，卡通标识更方便并利于识记，制作猫头鹰标识的具体操作方法如下。

本例首先在软件中绘制出标识的线稿，再利用实时上色工具上色，即可完成制作。

制作步骤

步骤 01　新建空白文档，选择【椭圆工具】，按住【Shift】键拖动鼠标创建圆形，在选项栏中，设置描边粗细为 1mm，绘制图形，按【Ctrl+C】组合键复制对象，按【Ctrl+F】组合键粘贴至前面，按住【Shift+Alt】组合键等比例缩小对象，如图 5-113 所示。

步骤 02　使用相同方法复制 2 个圆形，等比例缩小对象并调整位置，如图 5-114 所示。

步骤 03　使用【钢笔工具】沿着圆形对象绘制曲线，如图 5-115 所示。

步骤 04　选择所有对象，右击，指向【变换】，单击【镜像】命令，打开【镜像】对话框，选中【垂直】单选按钮，单击【复制】按钮，单击【确定】按钮，如图 5-116 所示。

图 5-113　绘制图形

图 5-114　复制图形

图 5-115　绘制弧线

图 5-116　【镜像】对话框

步骤 05　对称复制对象，如图 5-117 所示。

步骤 06　使用【多边形工具】绘制三角形，并调整三角形形状，放在眼睛下方，如图 5-118 所示。

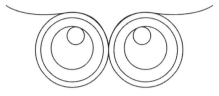

图 5-117　复制图形

图 5-118　绘制三角形

步骤 07　使用【钢笔工具】✐绘制曲线，如图 5-119 所示。

步骤 08　使用【钢笔工具】✐在曲线段上绘制曲线，形成闭合曲线，如图 5-120 所示。

步骤 09　选择曲线段，按【Ctrl+C】组合键复制对象，按【Ctrl+F】组合键粘贴到前面。右击，打开快捷菜单，选择【变换】→【镜像】命令，打开【镜像】对话框，选中【垂直】单选按钮，单击【复制】按钮，如图 5-121 所示。

图 5-119　绘制曲线

图 5-120　绘制并形成闭合曲线

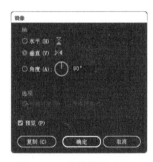

图 5-121　【镜像】对话框

步骤 10　单击【确定】按钮，移动对象位置到右侧，如图 5-122 所示。

步骤 11　使用【钢笔工具】✐连接下方的两个锚点，如图 5-123 所示。

步骤 12　拖动鼠标绘制封闭曲线，如图 5-124 所示。

图 5-122　复制移动对象

图 5-123　连接锚点

图 5-124　封闭曲线

步骤 13　使用【多边形工具】⬡绘制两个三角形，作为猫头鹰的脚，如图 5-125 所示。

步骤 14　使用【选择工具】▶框选所有对象，执行【对象】→【实时上色】→【建立】命令，创建实时上色组，如图 5-126 所示。

步骤 15　按【Shift+Ctrl+A】组合键取消选择。双击工具栏底部的【填色】图标，打开【拾色器】对话框，设置颜色为黄色（#E56821），如图 5-127 所示。

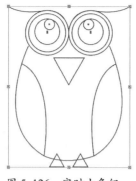

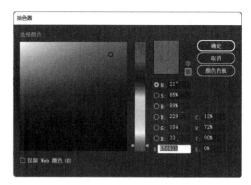

图 5-125 绘制三角形　　　图 5-126 实时上色组　　　　　图 5-127 【拾色器】对话框

步骤 16　单击【确定】按钮，选择【实时上色工具】📷 为猫头鹰翅膀上色，如图 5-128 所示。

步骤 17　设置填色为#FAD3B2，使用【实时上色工具】📷 为猫头鹰身体上色，如图 5-129 所示。

步骤 18　设置填色为#E19B49，为猫头鹰嘴巴和脚上色，如图 5-130 所示。

图 5-128 为猫头鹰翅膀上色　　　图 5-129 为猫头鹰身体上色　　　图 5-130 为猫头鹰嘴巴和脚上色

步骤 19　使用相同的方法为猫头鹰眼睛填充褐色（#7F4F21）和黑色，如图 5-131 所示。

步骤 20　选择对象，执行【对象】→【实时上色】→【扩展】命令，扩展实时上色组，取消描边，如图 5-132 所示。

步骤 21　使用【编组选择工具】📷，按住【Shift】键选择眼睛上的曲线，如图 5-133 所示。

图 5-131 为猫头鹰眼睛上色　　　图 5-132 取消描边　　　　　图 5-133 选择曲线

步骤 22　在【属性】面板中设置【描边】为褐色，单击【描边】文字，打开【描边】面板，设置描边粗细为 8pt，【配置文件】为宽度配置文件 1，如图 5-134 所示。

步骤 23　使用【编组选择工具】在适当移动猫头鹰的翅膀和脚，使其从对象中分离出来，如图 5-135 所示。

步骤 24　使用【直线段工具】在猫头鹰下方绘制直线段，如图 5-136 所示。

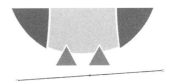

图 5-134　设置描边 1　　　　　　　图 5-135　调整图形　　　　　　　图 5-136　选择图形

步骤 25　在【属性】面板中设置【描边】为褐色，单击【描边】文字，打开【描边】面板，设置描边粗细为 13pt，【配置文件】为宽度配置文件 6，如图 5-137 所示。

步骤 26　打开【拾色器】对话框，更改描边颜色为 #6A3906，完成猫头鹰标识的制作，如图 5-138 所示。

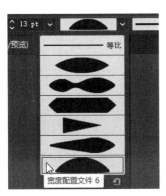

图 5-137　设置描边 2　　　　　　　　　图 5-138　更改描边颜色

⊕ 同步训练——制作蝴蝶卡通背景

通过上机实战案例的学习，为了增强读者的动手能力，下面安排一个同步训练案例，让读者达到举一反三、触类旁通的学习效果。

图解流程

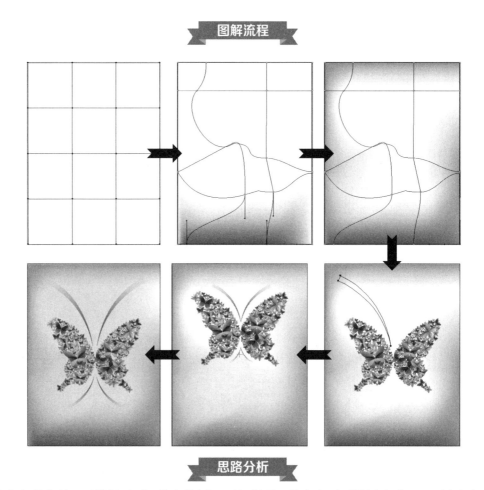

思路分析

渐变色的背景可以烘托画面，使主体图形更加鲜明，并突出画面的层次感，下面介绍如何制作蝴蝶卡通背景。

本例首先使用【矩形工具】■绘制背景形状，接下来创建渐变网格，最后添加素材图形，完成制作。

关键步骤

步骤01　执行【文件】→【新建】命令，在弹出的【新建文档】对话框中，设置【宽度】为600mm，【高度】为800mm，单击【创建】按钮，如图5-139所示。

步骤02　新建文件后，选择【矩形工具】■，在面板中单击，在弹出的【矩形】对话框中，设置【宽度】为600mm，【高度】为800mm，单击【确定】按钮绘制矩形，如图5-140所示。

图5-139　【新建文档】对话框

步骤 03 执行【对象】→【创建渐变网格】命令，在【创建渐变网格】对话框中，设置【行数】为4，【列数】为3，单击【确定】按钮，如图5-141所示。

步骤 04 渐变网格效果如图5-142所示。

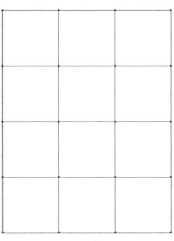

图 5-140 绘制矩形　　　图 5-141 【创建渐变网格】对话框　　　图 5-142 渐变网格

步骤 05 使用【直接选择工具】拖动改变锚点的位置，调整网格形状，如图5-143所示。使用【直接选择工具】选中下方的两个锚点，如图5-144所示。

步骤 06 单击工具箱的【填色】图标，在打开的【拾色器】对话框中，设置填充颜色为深蓝色（#3EA4D5），如图5-145所示。

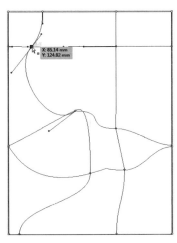
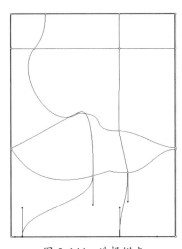
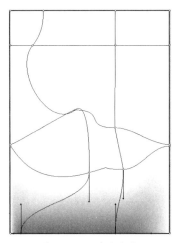

图 5-143 改变网格形状　　　图 5-144 选择锚点　　　图 5-145 填充颜色

步骤 07 使用【直接选择工具】选中左下方的两个锚点，填充浅蓝色（#BCCBE8），如图5-146所示。

步骤 08 用同样方法选中左上方的三个锚点，填充紫红色（#CDBBDB），如图5-147所示。用同样方法选中右上方的两个锚点，填充浅蓝色（#9FCFF0），如图5-148所示。

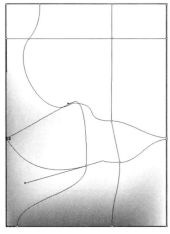

图 5-146　填充左下方锚点

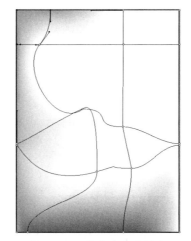

图 5-147　填充左上方锚点

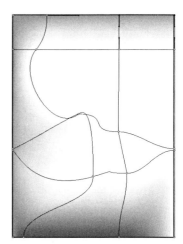

图 5-148　填充右上方锚点

步骤 09　继续选中右下方的两个锚点，填充粉红色（#EEB9D1），如图 5-149 所示。

步骤 10　用同样的方法选中右下方的锚点，填充绿色（#8FC6A2），如图 5-150 所示。

步骤 11　打开"素材文件\第 5 章\蝴蝶.ai"，将其复制粘贴到当前文件中，移动到适当位置，如图 5-151 所示。

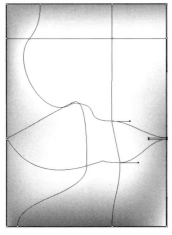

图 5-149　填充粉红色

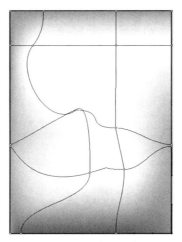

图 5-150　填充绿色

图 5-151　添加蝴蝶素材

步骤 12　使用【钢笔工具】绘制路径，如图 5-152 所示。

步骤 13　双击【渐变】图标，在弹出的【渐变】对话框中，设置【角度】为 128°，设置右侧色标为白色；单击左侧的色标，再双击【填充】图标，如图 5-153 所示。

步骤 14　打开【拾色器】对话框，设置颜色为蓝色（#00A0E9），如图 5-154 所示，单击【确定】按钮。

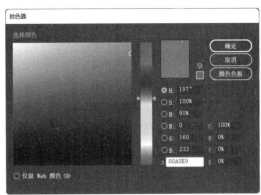

图 5-152　绘制路径　　　　图 5-153　设置渐变颜色　　　　图 5-154　设置颜色

步骤 15　执行【对象】→【变换】→【镜像】命令，在【镜像】对话框中，选中【垂直】单选项，设置【角度】为90°，单击【复制】按钮，如图 5-155 所示。

步骤 16　复制图形后，将其移动到适当位置，如图 5-156 所示。

步骤 17　执行【对象】→【变换】→【镜像】命令，在【镜像】对话框中，选中【水平】单选项，设置【角度】为0°，单击【复制】按钮，如图 5-157 所示。

图 5-155　【镜像】对话框　　　图 5-156　移动图形　　　图 5-157　【镜像】对话框

步骤 18　复制图形后，移动到适当位置，如图 5-158 所示。

步骤 19　拖动右下方的控制点，适当缩小图形，如图 5-159 所示。

步骤 20　适当调整细节，最终效果如图 5-160 所示。

图 5-158　移动图形

图 5-159　缩小图形

图 5-160　最终效果

知识能力测试

本章讲解了几何图形的绘制方法，为对知识进行巩固和考核，接下来布置相应的练习题。

一、填空题

1. 双击工具箱中的【填色】和【描边】图标，可以打开【拾色器】对话框，在对话框中，用户可以通过＿＿＿＿、＿＿＿＿等方式快速选择对象的填色或描边颜色。

2. 使用＿＿＿＿可以控制线段的粗细、虚实、斜角限制和线段的端点样式等参数。

3. ＿＿＿＿能够从一种颜色平滑过渡到另一种颜色，使对象产生多种颜色混合的效果，用户可以基于矢量对象创建网格对象。

二、选择题

1. 在Illustrator 2022中，渐变填充有（　　　）种常用方式。

A. 1　　　　　　　　B. 2　　　　　　　　C. 3　　　　　　　　D. 4

2. 单击【网格工具】🔳，在网格面片的（　　　）处单击，可增加纵向和横向两条网格线。

A. 线段　　　　　　B. 曲线段　　　　　　C. 空白　　　　　　D. 轮廓

3. 在【描边】面板中可以设置（　　　）的各种参数。

A. 对象边线　　　　B. 图形　　　　　　　C. 形状　　　　　　D. 实体边

三、简答题

1. 什么是实时上色？

2. 怎样在网格渐变对象上增加网格线？

Illustrator 2022

　　填充图形对象后，下一步需要调整单个或多个图形对象，使之变换到合适的大小和位置，符合页面的整体需要。本章将详细介绍管理对象的基本方法，包括图形的对齐和分布、编组和锁定、图形的变换等。

学习目标

- 熟练掌握图形的排列和分布方法
- 熟练掌握图形的编组方法
- 熟练掌握图形的显示和隐藏方法
- 熟练掌握图形的变换方法

6.1 排列对象

当创建多个对象并要求对象排列精度较高时，使用鼠标拖动的方式很难精确对齐，而使用 Illustrator 所提供的对齐和分布功能，会使整个绘制工作变得更加轻松。

6.1.1 图形的对齐和分布

执行【窗口】→【对齐】命令或按组合键【Shift+F7】，将打开【对齐】面板，如图 6-1 所示。【对齐】面板中，集合了对齐和分布命令的相关按钮，选择需要对齐或分布的对象，单击【对齐】面板中的相应按钮即可。

单击【对齐】面板右上角的【扩展】按钮，在弹出的菜单中选择【显示/隐藏选项】选项，即可显示或隐藏面板中的【分布间距】栏，如图 6-2 所示。

图 6-1 【对齐】面板

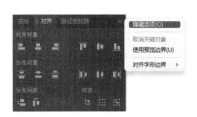

图 6-2 显示【分布间距】栏

在【分布间距】栏中，包括【垂直分布间距】和【水平分布间距】命令按钮，通过这两个按钮可以依据选定的分布方式改变对象之间的分布距离。在设置对象间距时，可在文本框中输入合适的参数值。在【对齐】下拉列表框中，包括【对齐画板】【对齐所选对象】【对齐关键对象】3 个选项，用户可以根据需要选择对齐的参照物。

1. 图形的对齐

"对齐"操作可使选定的对象沿指定的方向轴对齐。

沿着垂直方向轴，可使选定对象的最右边、中间和最左边的定位点与其他选定的对象对齐。

沿着水平方向轴，可使选定对象的最上边、中间和最下边的定位点与其他选定的对象对齐。

在【对齐对象】栏中，共有 6 种不同的对齐命令按钮，对齐效果如图 6-3 所示。

图 6-3 对齐图形对象

2. 图形的分布

图形的分布是自动沿水平轴或垂直轴均匀地排列对象，或使对象之间的距离相等，能够精确地设置对象之间的距离，从而使对象的排列更为有序。

在一定条件下，图形的分布将起到与对齐功能相似的作用，在【分布对象】栏中有 6 种分布方式，常用的分布效果如图 6-4 所示。

图 6-4 分布图形对象

6.1.2 对象的排列方式

绘制对象时，默认以绘制的先后顺序进行排列，在编辑对象时，会因为各种需要调整对象的先后顺序，使用排列功能可以改变对象的排列顺序。执行【对象】→【排列】子菜单中的命令即可。

1. 置于顶层

【置于顶层】命令可以将选定的对象移动到所有对象的最前面，具体操作方法如下。

选择对象后，执行【对象】→【排列】→【置于顶层】命令或按组合键【Shift+Ctrl+]】，可以将选定的对象放到所有对象的最前面，如图 6-5 所示。

图 6-5　置于顶层

2. 前移一层或后移一层

使用【前移一层】命令或【后移一层】命令，可以将对象向前或向后移动一层，而不是移动到所有对象的最前面或最后面，如图 6-6 所示。

图 6-6　前移一层

3. 置于底层

使用【置于底层】命令可以将选定的对象移动到所有对象的最后面，如图 6-7 所示。它的作用与【置于顶层】命令刚好相反。

图 6-7　置于底层

温馨提示

选定对象后，右击，在弹出的快捷菜单中选择【排列】菜单中的命令，也可调整对象的排列方式。

课堂范例——调整杂乱图形

本案例主要通过将杂乱的图形排列整齐，来练习Illustrator中排列对象工具的使用方法和排列方法，具体操作步骤如下。

步骤01 打开“素材文件\第6章\节日彩带.ai”，如图6-8所示。使用【选择工具】，按住【Shift】键，依次单击选中所有粉红色彩带，如图6-9所示。

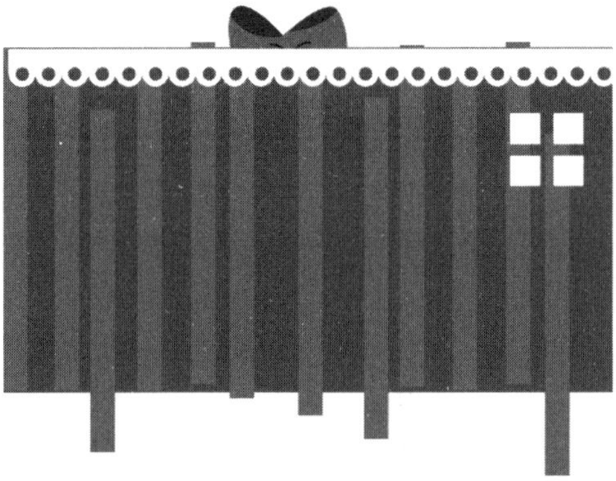

图6-8 打开素材图形

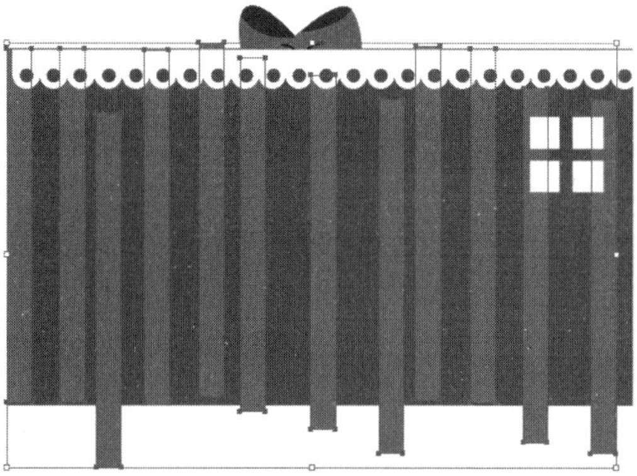

图6-9 选择图形

步骤02 在【对齐】面板中，单击右下角的【对齐关键对象】按钮，如图6-10所示。选择第一个对象，该对象变为高亮边框显示，如图6-11所示。

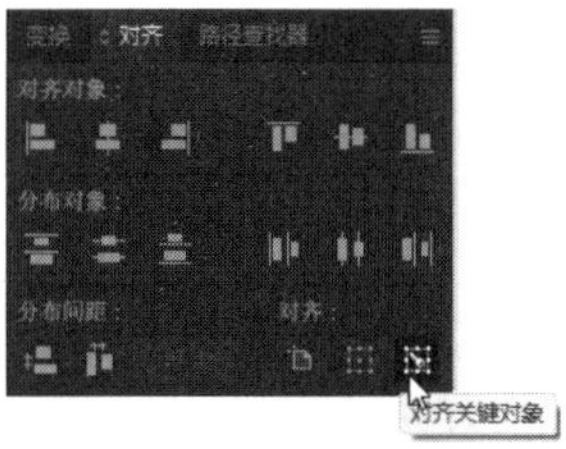

图6-10 【对齐】面板

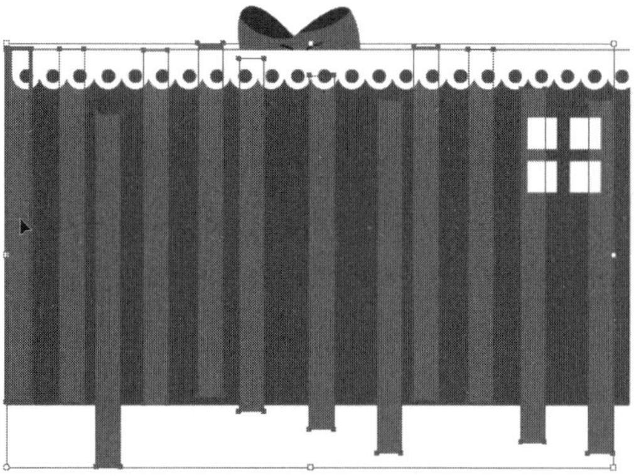

图6-11 选择关键对象

步骤03 在【对齐】面板中，单击【垂直底对齐】按钮，通过前面的操作，将自动底对齐关键对象，如图6-12所示。

步骤04 选择最右侧的粉色图形，按住【Shift】键加选下方的红色底图，如图6-13所示。在【对齐】面板中，单击【水平右对齐】按钮。

图 6-12　垂直底对齐效果

图 6-13　选择图形

步骤 05　通过前面的操作，水平右对齐效果如图 6-14 所示。拖动【选择工具】▶选择粉色图形和红色底图，按住【Shift】键减选下方的红色底图，如图 6-15 所示。

图 6-14　水平右对齐效果　　　　　　　　　　　　图 6-15　选择图形

步骤 06　在【对齐】面板中，单击【水平居中】按钮，水平居中分布粉红色图形，如图 6-16 所示。

步骤 07　选择上方的白色和红色圆图形，按组合键【Ctrl+G】群组图形，按住【Shift】键加选下方的红色底图，如图 6-17 所示。

图 6-16　水平居中分布图形　　　　　　　　　　　图 6-17　选择图形

步骤 08　在【对齐】面板中，单击【水平左对齐】按钮，图形效果如图 6-18 所示。

步骤 09　使用【选择工具】▶选中所有图形，按组合键【Ctrl+G】群组图形，如图 6-19 所示。

图 6-18　水平左对齐效果　　　　　　　　　图 6-19　选中所有图形

步骤 10　在【对齐】面板中，单击右下角的【对齐画板】按钮🔲，如图 6-20 所示。

步骤 11　单击【水平居中对齐】按钮🔳，水平居中对齐，如图 6-21 所示。在【对齐】面板中，单击【垂直居中对齐】按钮🔳，对象在面板中垂直居中对齐，如图 6-22 所示。

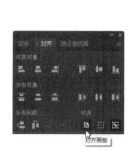

图 6-20　单击【对齐画板】按钮　图 6-21　水平居中对齐面板效果　图 6-22　垂直居中对齐面板效果

编组、锁定和隐藏/显示对象

在 Illustrator 2022 中，可以将多个图形对象进行编组，或者对图形对象进行锁定、显示或隐藏操作。

6.2.1　对象编组

对象编组后，图形对象将像单一对象一样，可以任由用户移动、复制或进行其他操作。使用【选择工具】▶选中需要编组的图形对象，执行【对象】→【编组】命令，或按组合键【Ctrl+G】，即可快速对选中的对象进行编组，如图 6-23 所示。

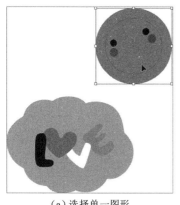 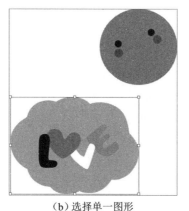 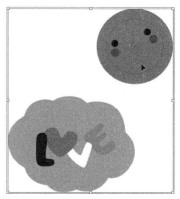

（a）选择单一图形　　　　　　　（b）选择单一图形　　　　　　　（c）编组图形

图 6-23　单一和编组图形

6.2.2　对象的隐藏和显示

使用【隐藏】命令可以隐藏对象，防止误操作，隐藏对象的具体操作步骤如下。

步骤 01　使用【选择工具】▷选择需要隐藏的图形对象，如图 6-24 所示。

步骤 02　执行【对象】→【隐藏】→【所选对象】命令，或者按组合键【Ctrl+3】，即隐藏所选对象，如图 6-25 所示。

> **技能拓展**
>
> 执行【对象】→【隐藏】命令，可以展开子菜单，在子菜单中选择相应的命令，可以隐藏指定的对象，如图 6-26 所示。选择【所选对象】命令，将隐藏选择的对象；选择【上方所有图稿】命令，将隐藏选定对象上层所有对象；选择【其他图层】命令，将隐藏选定对象所在图层外的其他图层对象。隐藏对象后，再执行【对象】→【显示全部】命令，可以显示所有隐藏的对象。

图 6-24　选择图形　　　　　　图 6-25　隐藏所选对象　　　　　图 6-26　选择隐藏命令

6.2.3　锁定与解锁对象

如果想让一个特定的图形对象保持位置、外形不变，防止对象被错误地编辑，可以将对象进行锁定，锁定与解锁对象的具体操作步骤如下。

步骤 01　选择需要锁定的图形对象，如图 6-27 所示。

步骤 02　执行【对象】→【锁定】→【所选对象】命令，或者按组合键【Ctrl+2】，将图形对象锁定，使用【选择工具】 ▷ 框选所有对象，如图 6-28 所示；锁定的图形将不能进行选择或编辑，如图 6-29 所示。

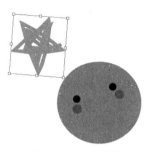

图 6-27　选中对象

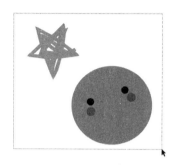

图 6-28　框选所有对象

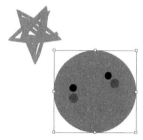

图 6-29　未能选中锁定对象

> **技能拓展**
>
> 　　执行【对象】→【锁定】命令，可以展开子菜单，在子菜单中选择相应的命令，可以隐藏指定的对象，如图 6-30 所示。选择【所选对象】命令，将锁定选定对象；选择【上方所有图稿】命令，将锁定选定对象上层所有对象；选择【其他图层】命令，将锁定选定对象所在图层外的其他图层对象。
>
>
>
> 图 6-30　选择锁定命令

6.3　变换对象

在 Illustrator 2022 中，可以对图形进行缩放、旋转、镜像、倾斜等变换操作，变换是图形对象常用的一种编辑方式。

6.3.1　缩放对象

在选择图形对象后，用户可以根据页面整体效果和需要缩放图形对象。下面介绍几种常用的操作方法。

1. 使用【选择工具】缩放对象

使用【选择工具】 ▷ 选择需要调整的图形对象，图像外框会出现 8 个控制点，将鼠标指针移动到需要调整的控制点上。按住鼠标并拖动即可进行图形的缩放，释放鼠标即可放大或缩小对象，操作过程如图 6-31 所示。

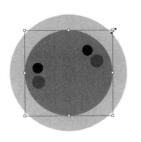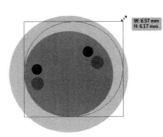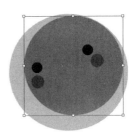

图 6-31　放大对象

2. 使用【比例缩放工具】缩放对象

使用【选择工具】▶选择需要调整的图形对象，单击【比例缩放工具】，在画板中单击确定变换中心点位置。此时鼠标指针变为▶形状，按住鼠标左键拖动进行缩放操作，释放鼠标后即可放大或缩小对象，操作过程如图 6-32 所示。

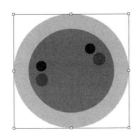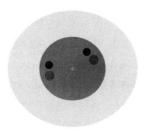

图 6-32　缩放对象

双击【比例缩放工具】，或按住【Alt】键在画板中单击，会弹出【比例缩放】对话框，对话框的主要参数如图 6-33 所示。【比例缩放】对话框内容详解见表 6-1。

表 6-1　【比例缩放】对话框内容详解

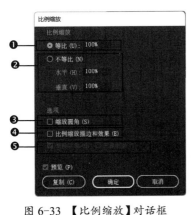

图 6-33　【比例缩放】对话框

选项	功能介绍
❶等比	设置等比缩放数值
❷不等比	选中该项后，可以输入【水平】和【垂直】缩放值
❸缩放圆角	选中该项后，可以将圆角按比例一起缩放
❹比例缩放描边和效果	选中该项后，可以将图形的描边粗细和效果一起缩放
❺变换对象/变换图案	选择【变换对象】时，仅缩放图形；选择【变换图案】时，仅缩放图形填充图案。两项同时选择时，对象和图案会同时缩放，但描边和效果比例不会改变

6.3.2　旋转对象

旋转是指对象绕着一个固定点进行转动，可以使用【选择工具】▶和【旋转工具】旋转对象。

1. 使用【选择工具】旋转对象

使用【选择工具】选择需要调整的图形对象。移动鼠标指针到控制点上，当鼠标指针变为形状时，拖动鼠标到适当位置，释放鼠标，即可将选择的对象进行旋转，操作过程如图 6-34 所示。

图 6-34 使用【选择工具】旋转对象

2. 使用【旋转工具】旋转对象

选择需要旋转的对象后，单击【旋转工具】，在画板中单击能够重新设置旋转的轴心位置，单击并拖动鼠标即可进行旋转，操作过程如图 6-35 所示。

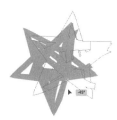

图 6-35 使用【旋转工具】旋转对象

双击【旋转工具】，会弹出【旋转】对话框，对话框主要参数如图 6-36 所示。【旋转】对话框内容详解见表 6-2。

表 6-2 【旋转】对话框内容详解

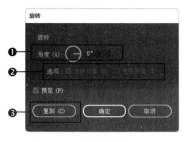

图 6-36 【旋转】对话框

选项	功能介绍
❶角度	指定图形对象的旋转角度
❷选项	设置旋转的目标对象，选中【变换对象】复选框，表示旋转图形对象；选中【变换图案】复选框，表示旋转图形中的图案填充
❸复制	单击该按钮，将按所选参数复制出一个旋转对象

6.3.3 镜像对象

使用【镜像工具】可以准确地实现对象的翻转效果，它可使选定的对象以一条不可见轴线为参照进行翻转，具体操作方法如下。

选择对象后，单击工具箱中的【镜像工具】，在画板中单击轴中心位置，接着在画板中拖动即可镜像对象，如图 6-37 所示。

图 6-37　镜像图形

双击【镜像工具】，会弹出【镜像】对话框，对话框主要参数如图 6-38 所示。【镜像】对话框内容详解见表 6-3。

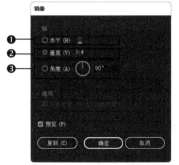

图 6-38　【镜像】对话框

表 6-3　【镜像】对话框内容详解

选项	功能介绍
❶水平	选中此项，表示图形以水平轴线为基础进行镜像，即图形进行上下镜像
❷垂直	选中此项，表示图形以垂直轴线为基础进行镜像，即图形进行左右镜像
❸角度	选中此项，在右侧的文本框中输入数值，指定镜像参考值与水平线的夹角，以参考轴为基础进行镜像

6.3.4　倾斜对象

倾斜是使图形对象产生倾斜变换，常用于制作立体效果图。选择对象后，单击【倾斜工具】，在画板中单击定义倾斜中心点，接着在画板中拖动即可倾斜对象，操作过程如图 6-39 所示。

图 6-39　倾斜对象

> **技能拓展**　双击【倾斜工具】，可以打开【倾斜】对话框，在对话框中，可以设置角度、倾斜中心轴及倾斜对象等选项。

6.3.5　【变换】面板

　　旋转、缩放、倾斜等变换操作，都可以通过【变换】面板进行。使用【选择工具】▶ 选择对象后，执行【窗口】→【变换】命令或单击选项栏中的■■按钮，可以打开【变换】面板，如图 6-40 所示。单击右上角的■按钮，可以打开面板菜单，如图 6-41 所示。

图 6-40　【变换】面板　　　图 6-41　【变换】面板菜单

6.3.6　【分别变换】对话框

　　【分别变换】对话框集中了缩放、移动、旋转等多个变换操作，可以同时应用这些变换。

　　执行【对象】→【变换】→【分别变换】命令，将弹出【分别变换】对话框，如图 6-42 所示。使用【分别变换】命令可以对多个对象同时应用变换操作，实现多个对象以各自为中心进行缩放、移动、旋转等操作，还可以为多个对象设置随机缩放的效果，如图 6-43 所示。

图 6-42　【分别变换】对话框

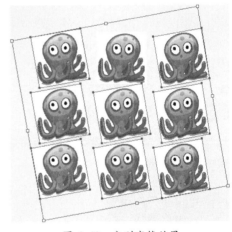

图 6-43　分别变换效果

> **技能拓展**　按组合键【Alt+Shift+Ctrl+D】，可以快速打开【分别变换】对话框。

6.3.7　自由变换

　　【自由变换工具】■是一个综合变换工具，可以对图形进行移动、旋转、缩放、扭曲和透视变形。

1. 倾斜变形

　　使用【选择工具】▶选择图形对象，选择【自由变换工具】■，移动鼠标指针到边角控制点上，按住【Ctrl】键的同时，拖动鼠标可以倾斜对象。

2. 斜切变形

使用【选择工具】选择图形对象，选择【自由变换工具】，移动鼠标指针到边角控制点上，在按住组合键【Alt+Ctrl】的同时，拖动鼠标可以产生斜切变换对象。

3. 透视变形

使用【选择工具】选择图形对象，选择【自由变换工具】，移动鼠标指针到边角控制点上，在按住组合键【Alt+Shift+Ctrl】的同时，拖动鼠标可以透视变换对象。

6.3.8 再次变换

应用变换操作后，执行【对象】→【变换】→【再次变换】命令，可以再次重复变换操作。按组合键【Ctrl+D】，也可以重复变换操作。

课堂范例——绘制旋转图形

本案例通过花形图案的绘制，练习变换对象的各个工具的使用方法，灵活使用这些变换对象的工具，可以轻松制作出满意的图形效果，具体操作步骤如下。

步骤 01　按组合键【Ctrl+N】或执行【新建文档】命令，在弹出的【新建文档】对话框中，设置【宽度】和【高度】均为200mm，单击【创建】按钮，如图6-44所示。

步骤 02　选择【椭圆工具】，在画板中拖动鼠标绘制椭圆图形，双击工具箱中的【描边】图标，在弹出的【色板】面板中单击黄色色块，更改描边颜色，如图6-45所示。

步骤 03　在【色板】面板中，单击左上角的【填色】图标，然后选择【植物】图案，如图6-46所示。

图6-44　【新建文档】对话框

图6-45　绘制椭圆并描黄色边

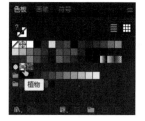

图6-46　【色板】面板

步骤 04　通过前面的操作，得到图形填充和描边效果，如图6-47所示。使用【选择工具】选择图形，单击【旋转工具】，在图形中拖动变换中心点到下方，如图6-48所示。

步骤 05　按住【Alt】键拖动旋转并复制图形，如图6-49所示，旋转并复制的图形效果如图6-50所示。按组合键【Ctrl+D】再次变换并复制图形11次，效果如图6-51所示。

图 6-47　效果 1　图 6-48　移动中心点　图 6-49　复制图形　图 6-50　效果 2　图 6-51　效果 3

步骤 06　选择所有图形，按组合键【Ctrl+G】编组图形，如图 6-52 所示。

步骤 07　执行【对象】→【变换】→【缩放】命令，在弹出的【比例缩放】对话框中设置【等比】为 100%，选中【变换对象】和【变换图案】复选框，单击【复制】按钮，再单击【确定】按钮，如图 6-53 所示。比例缩放效果如图 6-54 所示。

图 6-52　编组图形　　　　图 6-53　【比例缩放】对话框　　　　图 6-54　比例缩放效果

👤 课堂问答

问题 1：多个编组对象能组合为新的编组对象吗，对象编组后能取消吗？

答：多个编组对象可以组合为新的编组对象，生成嵌套结构的编组对象，也就是说，编组对象可以被编组到其他对象或组中，形成更大的编组对象；选择编组对象后，右击，在弹出的快捷菜单中选择【取消编组】命令，或者按组合键【Ctrl+Shift+G】，即可取消编组。

问题 2：如何重置定界框？

答：应用变换命令后，图形定界框会随着图形变换而变换，如图 6-55 所示。如果想将定界框还原为原始状态，可以执行【对象】→【变换】→【重置定界框】命令，重置定界框效果如图 6-56 所示。

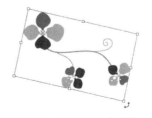 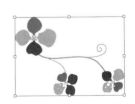

图 6-55　定界框发生旋转　　图 6-56　重置定界框效果

问题 3：如何制作分形图形？

答：分形图形是一个形状，可以细分为若干部分，而每一部分都是整体的相似形状，制作分形图形的具体操作步骤如下。

步骤 01 打开"素材文件\第 6 章\花朵 .ai"，选择图形，如图 6-57 所示。

步骤 02 执行【效果】→【扭曲和变换】→【变换】命令，在打开的【变换效果】对话框中，设置【水平】和【垂直】均为 90%，【角度】为 10°，变换参考点为左下点，【副本】为 40，单击【确定】按钮，如图 6-58 所示。

步骤 03 通过前面的操作，得到的效果如图 6-59 所示。

图 6-57　选择图形

图 6-58　【变换效果】对话框

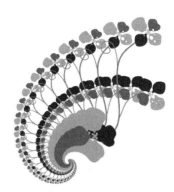
图 6-59　最终效果

📷 上机实战——制作童趣旋转木马

为让读者巩固本章所学知识点，下面讲解一个技能综合案例，使读者对本章的知识有更深入的了解。效果展示如图 6-60 所示。

效果展示

图 6-60　童趣旋转木马效果

旋转木马是小孩子非常喜欢的玩具，它充满了童趣和喜悦的气氛，下面介绍如何制作旋转木马图形。

本例首先使用【星形工具】🌟绘制装饰图形，接下来添加素材图形，并水平镜像复制图形，最后制作轴线，完成制作。

制作步骤

步骤 01　打开"素材文件\第 6 章\房子 .ai"，如图 6-61 所示。

步骤 02　选择【星形工具】🌟，在画板中单击，在弹出的【星形】对话框中，设置【半径 1】为 12px，【半径 2】为 6px，【角点数】为 5，单击【确定】按钮，如图 6-62 所示。

步骤 03　为星形填充红色（#E64424），效果如图 6-63 所示。

图 6-61　打开素材　　图 6-62　【星形】对话框　　图 6-63　绘制星形

步骤 04　选择星形，按住【Alt】键拖动复制图形，如图 6-64 所示。

步骤 05　按组合键【Ctrl+D】4 次，继续复制星形，效果如图 6-65 所示。

图 6-64　复制星形　　　　　图 6-65　继续复制星形

步骤 06　拖动右侧的星形到适当位置，如图 6-66 所示。使用【选择工具】▶，按住【Shift】键，选择所有星形，如图 6-67 所示。

图 6-66　移动星形　　　　　图 6-67　选择所有星形

步骤 07　在【对齐】面板中，单击【对齐所选对象】按钮，单击【水平居中分布】按钮，如图 6-68 所示。水平居中分布的效果如图 6-69 所示。

图 6-68 【对齐】面板

图 6-69 水平居中分布效果

步骤 08 执行【对象】→【变换】→【分别变换】命令，在弹出的【分别变换】对话框中，设置【水平】和【垂直】均为 90%，选中【随机】复选框，单击【确定】按钮，如图 6-70 所示。

步骤 09 通过前面的操作，随机缩小多个星形，效果如图 6-71 所示。

图 6-70 【分别变换】对话框

图 6-71 随机缩小星形效果

步骤 10 选择【椭圆工具】，拖动鼠标绘制椭圆图形，填充灰色（#DFDBD2），如图 6-72 所示。

步骤 11 执行【对象】→【排列】→【置于底层】命令，将椭圆图形置于底层作为投影，如图 6-73 所示。

步骤 12 打开"素材文件\第 6 章\木马.ai"，将其复制粘贴到当前文件，如图 6-74 所示。

图 6-72 绘制椭圆图形

图 6-73 调整对象顺序

图 6-74 添加木马素材

步骤 13   按住【Alt】键拖动复制图形两次，使用【选择工具】▶选择中间的木马图形，执行【对象】→【取消编组】命令，如图 6-75 所示。

步骤 14   使用【选择工具】▶选择木马身体图形，填充为浅灰色，如图 6-76 所示。

步骤 15   打开"素材文件\第 6 章\气球.ai"，将其复制粘贴到当前文件，如图 6-77 所示。

图 6-75   复制木马图形   图 6-76   更改木马身体颜色   图 6-77   添加气球素材

步骤 16   按住【Alt】键，拖动复制气球图形，如图 6-78 所示。更改气球颜色为橙色（#E5A023），拖动右上角的控制点，适当放大图形，如图 6-79 所示。

步骤 17   按住【Alt】键，继续拖动复制多个气球，如图 6-80 所示。

图 6-78   复制图形   图 6-79   放大和更改气球颜色   图 6-80   复制气球图形

步骤 18   执行【对象】→【变换】→【分别变换】命令，在弹出的【分别变换】对话框中，设置【水平】和【垂直】均为 50%，【角度】为 10°，选中【随机】复选框，单击【确定】按钮，分别变换的效果如图 6-81 所示。

步骤 19   选择中间的两个气球，更改颜色为绿色（#62A4A1），如图 6-82 所示。使用【选择工具】▶选择所有气球，如图 6-83 所示。

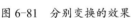

图 6-81　分别变换的效果

图 6-82　更改气球颜色

图 6-83　选择气球

步骤 20　选择【镜像工具】，按住组合键【Alt+Shift】，在画板中心位置单击，确定镜像轴，如图 6-84 所示。

步骤 21　释放鼠标，弹出【镜像】对话框，设置【轴】为垂直，选中【预览】复选框，单击【复制】按钮，如图 6-85 所示。镜像效果如图 6-86 所示。

图 6-84　确定镜像轴

图 6-85　【镜像】对话框

图 6-86　镜像效果

步骤 22　选择【矩形工具】，绘制矩形图形，填充红色（#E64424），如图 6-87 所示。绘制与红色矩形相同高度，宽度为 30px 的矩形，填充浅黄色（#F2DABC），如图 6-88 所示。

图 6-87　绘制红色矩形

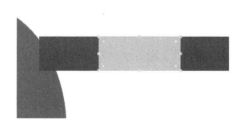

图 6-88　绘制浅黄色矩形

步骤 23　选择【倾斜工具】，拖动倾斜变换图形，如图 6-89 所示。

步骤 24　执行【对象】→【变换】→【移动】命令，在弹出的【移动】对话框中设置【水平】为 45px，单击【复制】按钮，如图 6-90 所示。

步骤 25 通过前面的操作，复制图形效果如图 6-91 所示。

图 6-89 倾斜变换　　图 6-90 【移动】对话框　　图 6-91 移动复制图形

步骤 26 按组合键【Ctrl+D】11 次，多次移动复制图形，效果如图 6-92 所示。

步骤 27 选择【椭圆工具】，在画板中单击，在弹出的【椭圆】对话框中，设置【宽度】和【高度】均为 8.5px，单击【确定】按钮。绘制圆形对象，填充橙色（#E5A023），如图 6-93 所示。

图 6-92 多次复制图形　　图 6-93 绘制圆形

步骤 28 执行【对象】→【变换】→【移动】命令，在弹出的【移动】对话框中设置【水平】为 25.5px，单击【复制】按钮，如图 6-94 所示。

步骤 29 按组合键【Ctrl+D】21 次复制图形，效果如图 6-95 所示。

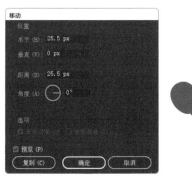

图 6-94 复制图形　　图 6-95 多次复制图形

⊕ **同步训练——制作精美背景效果**

在通过上机实战案例的学习后，为了增强读者的动手能力，下面安排一个同步训练案例，让读者达到举一反三、触类旁通的学习效果。

◤ **图解流程** ◥

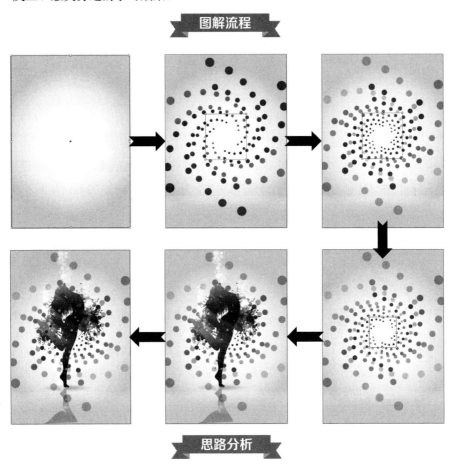

◤ **思路分析** ◥

设计广告或宣传单页时，使用精美的背景可以使视觉效果更加突出，制作精美背景的具体操作方法如下。

本例首先使用【矩形工具】■绘制图形，接下来为背景填充渐变色；然后绘制装饰图案，并使用【变换】和【缩放】命令复制装饰图案；最后添加人物素材，并调整对象层次，完成制作。

◤ **关键步骤** ◥

步骤 01 新建一个【宽度】为 29.7px，【高度】为 42px 的文件，绘制一个与页面等大的矩形，如图 6-96 所示。

步骤 02 在工具箱中，双击【渐变】图标■，在弹出的【渐变】面板中，设置【类型】为径向渐变，角度为 0°，如图 6-97 所示。

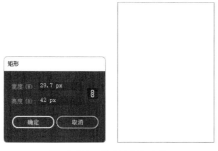

图 6-96 绘制矩形对象

图 6-97 【渐变】面板

步骤 03 单击右侧渐变滑块，在【拾色器】对话框中设置颜色为粉红色（#F9DCE9）。单击选择渐变滑块，设置【位置】为 80%，如图 6-98 所示。

步骤 04 通过前面的操作，得到渐变填充效果，如图 6-99 所示。使用【矩形工具】■绘制图形，如图 6-100 所示。

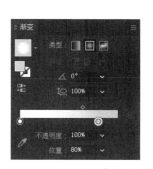

图 6-98 设置渐变色及滑块

图 6-99 渐变填充效果

图 6-100 绘制图形

步骤 05 在【渐变】面板中，设置【类型】为线性渐变，【角度】为-90°，渐变色为白色到粉红色（#F9DCE9），设置【渐变滑块】的【位置】为 19%，如图 6-101 所示。

步骤 06 通过前面的操作，得到渐变填充效果，如图 6-102 所示。

步骤 07 选择【椭圆工具】●，在画板中单击，在弹出的【椭圆】对话框中，设置【宽度】和【高度】均为 0.42cm，单击【确定】按钮，绘制正圆，并填充橙色（#F29600），如图 6-103 所示。

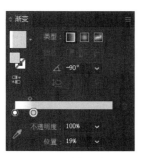

图 6-101 【渐变】面板

图 6-102 渐变填充效果

图 6-103 绘制正圆

步骤 08 选择【旋转工具】，按住组合键【Alt+Shift】，拖动变换中心点到适当位置，如图 6-104 所示。

步骤 09 在弹出的【旋转】对话框中，设置【角度】为60°，单击【复制】按钮，再单击【确定】按钮，如图 6-105 所示。复制图形的效果如图 6-106 所示。

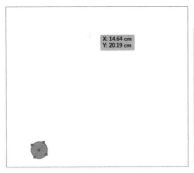

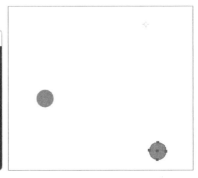

图 6-104 移动旋转中心点 　　　　 图 6-105 【旋转】对话框 　　　　 图 6-106 复制图形

步骤 10 按组合键【Ctrl+D】4 次，多次复制旋转图形，效果如图 6-107 所示。选择【旋转工具】，移动鼠标到右上角，适当旋转图形，如图 6-108 所示。

步骤 11 分别选择图形，更改颜色为橙色（#F29600）、洋红色（#E3007F）和绿色（#009844），效果如图 6-109 所示。

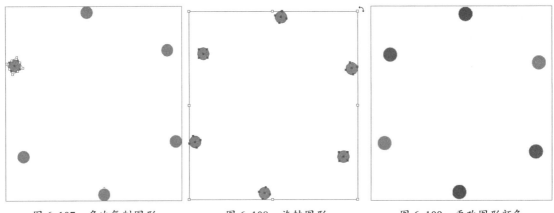

图 6-107 多次复制图形 　　　　 图 6-108 旋转图形 　　　　 图 6-109 更改图形颜色

步骤 12 使用【选择工具】框选所有图形，按组合键【Ctrl+G】编组图形，如图 6-110 所示。

步骤 13 执行【效果】→【扭曲和变换】→【变换】命令，在打开的【变换效果】对话框中，设置【水平】和【垂直】均为115%，【角度】为15°，变换参考点为中点，【副本】为9，单击【确定】按钮，如图 6-111 所示。

步骤 14 通过前面的操作，得到效果如图 6-112 所示。

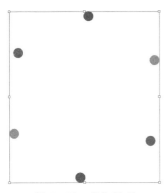

图 6-110　编组图形

图 6-111　【变换效果】对话框

图 6-112　变换效果

步骤 15　执行【对象】→【变换】→【缩放】命令，打开【比例缩放】对话框，设置【等比】为 150%，单击【确定】按钮，如图 6-113 所示。

步骤 16　再次执行【对象】→【变换】→【缩放】命令，打开【比例缩放】对话框，设置【等比】为 50%，单击【确定】按钮，如图 6-114 所示。

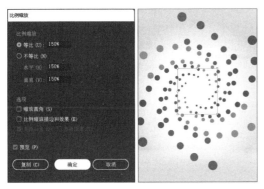

图 6-113　等比缩放图形

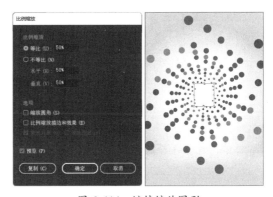

图 6-114　继续缩放图形

步骤 17　选择最外层的复制图形，在【透明度】面板中，更改【不透明度】为 30%，如图 6-115 所示。更改不透明度的效果如图 6-116 所示。

步骤 18　选择最中间层的复制图形，在【透明度】面板中，更改【不透明度】为 50%，更改不透明度的效果如图 6-117 所示。

图 6-115　【透明度】面板

步骤 19　打开"素材文件\第 6 章\舞蹈.ai"，将其复制粘贴到当前文件，如图 6-118 所示。

步骤 20　在选项栏中单击【对齐】按钮对齐，在下拉列表中选择【对齐画板】选项，单击【水平居中对齐】按钮和【垂直顶对齐】按钮，效果如图 6-119 所示。

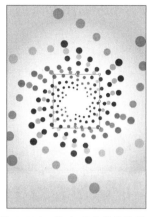
图 6-116　更改不透明度效果 1

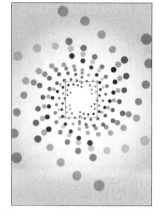
图 6-117　更改不透明度效果 2

图 6-118　添加素材

步骤 21　右击图形，在弹出的快捷菜单中选择【排列】→【后移一层】命令，如图 6-120 所示。最终效果如图 6-121 所示。

图 6-119　对齐图形

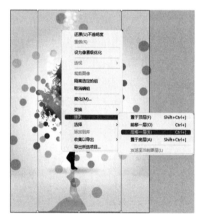
图 6-120　后移一层

图 6-121　最终效果

知识能力测试

本章讲解了管理对象的基本方法，为对知识进行巩固和考核，接下来布置相应的练习题。

一、填空题

1. 让一个特定的图形对象保持位置、外形不变，防止对象被错误地编辑，可以将对象进行_____。

2. 在 Illustrator 2022 中，可以使用_____和_____旋转对象。

3. 双击【倾斜工具】，可以打开【倾斜】对话框，在对话框中，可以设置_____、_____及_____等选项。

二、选择题

1. 执行【窗口】→【对齐】命令或按组合键（　　），打开【对齐】面板，【对齐】面板中集合了对齐和分布命令相关按钮，选择需要对齐或分布的对象，单击【对齐】面板中的相应按钮即可。

A.【Shift+F7】　　　　B.【Shift+F5】　　　　C.【Shift+F6】　　　　D.【Shift+F4】

2. 在 Illustrator 2022 中，前移一层的组合键是【Ctrl+]】、置于底层的组合键是（　　　）。

A.【Alt+Ctrl】　　　　B.【Alt+[】　　　　　C.【Alt+Ctrl+[】　　　　D.【Shift+Ctrl+[】

3.【分别变换】对话框中集中了缩放、移动、旋转等多个变换操作，可以（　　　）应用这些变换。

A. 同时　　　　　　　B. 选择性　　　　　　C. 单一　　　　　　　D. 分别

三、简答题

1. 什么是对象编组？

2. 对齐和分布有什么区别？

Illustrator 2022

第7章
特殊编辑与混合效果

学会管理对象后，下一步需要学习图形混合和特殊编辑处理的基本方法。本章将详细介绍 Illustrator 2022 图形特殊编辑的相关工具和命令，其中包括一些常用的即时变形工具、封套扭曲与混合的相关功能和具体应用方法。

学习目标

- 熟练掌握特殊编辑工具的应用
- 熟练掌握混合效果的应用
- 熟练掌握封套的创建与编辑

7.1 特殊编辑工具的应用

Illustrator为用户提供了一些特殊编辑工具，使用这类工具可以快速调整文字或图形的外形效果。

7.1.1 【宽度工具】的应用

使用【宽度工具】 可以增加路径的宽度。选择路径，如图7-1所示。使用【宽度工具】 在路径上按住鼠标向外拖动，达到满意的效果后释放鼠标，即可看到路径增宽后的效果，具体操作过程如图7-2所示。

图7-1 选择图形

图7-2 路径增宽效果

7.1.2 【变形工具】的应用

使用【变形工具】 可以使对象按照鼠标拖动的方向产生自然的变形效果，具体操作方法如下。

使用【选择工具】 选择需要变形的图形，如图7-3所示。在宽度工具组中选择【变形工具】 或按组合键【Shift+R】，在对象上需要变形的位置处单击并拖动鼠标，如图7-4所示。

在得到满意的图形效果后释放鼠标，效果如图7-5所示。

图7-3 选择图形

图7-4 拖动鼠标

图7-5 变形效果

双击工具箱中的【变形工具】 ，可以打开【变形工具选项】对话框，对话框中的常用参数如图 7-6 所示。【变形工具选项】对话框内容详解见表 7-1。

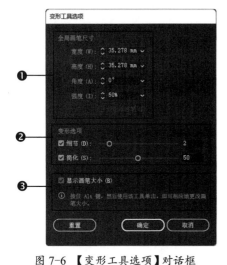

图 7-6 【变形工具选项】对话框

表 7-1 【变形工具选项】对话框内容详解

选项	功能介绍
❶全局画笔尺寸	可以设置画笔的宽度、高度、角度和强度等参数
❷变形选项	【细节】用于设置对象轮廓各点间的间距（值越大，间距越小）。【简化】可以减少多余锚点的数量，但不会影响形状的整体外观
❸显示画笔大小	选中此项，使用【变形工具】 拖动图形进行变换时，可以直观地看到画笔预览效果。如果取消选中该项，画笔大小将不再显示，常用设置为选中此项

选择【变形工具】 后，按住【Alt】键，在绘图区域拖动鼠标左键，可以即时快速地更改画笔大小，此功能非常实用，初学者应该熟练掌握。

7.1.3 【旋转扭曲工具】的应用

使用【旋转扭曲工具】 可以使图形产生旋涡的形状，具体操作方法如下。

步骤 01 在绘图区域中需要扭曲的对象上单击或拖动鼠标，即可使图形产生漩涡效果，如图 7-7 所示。

步骤 02 沿着路径拖动鼠标，也可以扭曲对象，如图 7-8 所示。

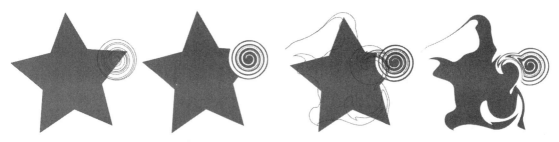

图 7-7 旋转扭曲对象 　　　　　　图 7-8 沿路径拖动鼠标旋转扭曲

在进行扭曲时，按住鼠标左键的时间越长，扭曲程度越强。

双击【旋转扭曲工具】，可以打开【旋转扭曲工具选项】对话框，对话框中的常用参数如图7-9所示。【旋转扭曲速率】内容详解见表7-2。

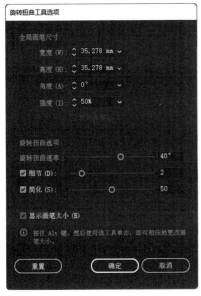

图 7-9 【旋转扭曲工具选项】对话框

表 7-2 【旋转扭曲速率】内容详解

选项	功能介绍
旋转扭曲速率	设置旋转扭曲的变形速度，取值范围为-180°~180°。当数值越接近-180°或180°时，对象的扭转速度越快，越接近0°时，对象的扭转速度越平缓。为负值以顺时针方向扭转图形，为正值以逆时针方向扭转图形

7.1.4 【缩拢工具】的应用

使用【缩拢工具】可以使图形产生收缩的形状变化，在绘图区域中需要缩拢的对象上单击或拖动鼠标，即可使图形产生收缩效果，如图 7-10 所示。

7.1.5 【膨胀工具】的应用

使用【膨胀工具】可以使图形产生膨胀效果，在绘图区域中需要膨胀的对象上单击或拖动鼠标，即可使图形产生膨胀效果，如图 7-11 所示。

图 7-10 收缩效果

图 7-11 膨胀效果

7.1.6 【扇贝工具】的应用

使用【扇贝工具】 ⓔ 可以使对象产生像贝壳外表波浪起伏的效果，首先选择对象，使用【扇贝工具】 ⓔ 在需要扇贝形状的对象区域单击或拖动鼠标，即可使图形产生扇贝形状效果，如图 7-12 所示。

图 7-12　扇贝形状效果

双击【扇贝工具】 ⓔ，可以打开【扇贝工具选项】对话框，对话框中的常用参数如图 7-13 所示。【扇贝工具选项】对话框内容详解见表 7-3。

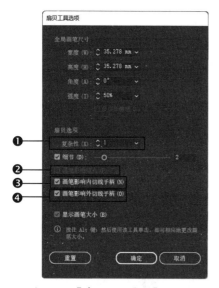

图 7-13　【扇贝工具选项】对话框

表 7-3　【扇贝工具选项】对话框内容详解

选项	功能介绍
❶复杂性	设置对象变形的复杂程度，即产生三角扇贝形状的数量
❷画笔影响锚点	选中该项，变形的对象每个转角位置都将产生对应的锚点
❸画笔影响内切线手柄	选中该项，变形的对象将沿三角形正切的方向变形
❹画笔影响外切线手柄	选中该项，变形的对象将沿反三角形正切的方向变形

7.1.7 【晶格化工具】的应用

使用【晶格化工具】 ⓔ 可以使对象表面产生尖锐外凸的效果。首先选择对象，如图 7-14 所示。在绘图区域中需要晶格化的对象区域单击或拖动鼠标，即可使图形产生晶格化效果，如图 7-15 所示。

图 7-14　选择图形

图 7-15　晶格化效果

7.1.8　【皱褶工具】的应用

【皱褶工具】可以用来制作不规则的波浪，从而改变对象的形状。

双击【皱褶工具】，可以打开【皱褶工具选项】对话框，如图 7-16 所示。在绘图区域中需要皱褶的对象上单击或拖动鼠标，即可使图形产生皱褶效果，如图 7-17 所示。【皱褶选项】内容详解见表 7-4。

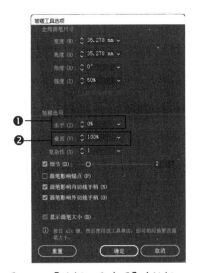

图 7-16　【皱褶工具选项】对话框

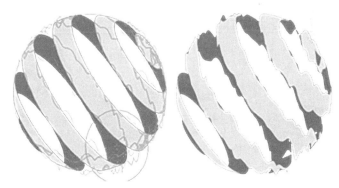

图 7-17　皱褶效果

表 7-4　【皱褶选项】内容详解

选项	功能介绍
❶水平	指定水平方向的皱褶数量
❷垂直	指定垂直方向的皱褶数量

课堂范例——制作爆炸标签

本案例用【晶格化工具】使矢量对象或位图图像，产生由内向外的推拉延伸变形效果，接着对特殊编辑工具进行应用，包括图层顺序的调整和效果展示，具体操作步骤如下。

步骤 01 新建横向A4文档，使用【椭圆工具】绘制圆，如图7-18所示。

步骤 02 单击【晶格化工具】，在对象上拖动鼠标，如图7-19所示。创建爆炸效果，如图7-20所示。

图 7-18　绘制圆　　　　图 7-19　在对象上拖动鼠标　　　　图 7-20　爆炸效果

步骤 03 设置对象填充色为白色，描边为黑色，描边粗细为4pt，如图7-21所示。

步骤 04 按组合键【Ctrl+C】复制对象，按组合键【Ctrl+F】将其粘贴到前面，按【V】键切换到【选择工具】，再按组合键【Shift+Alt】以中心点为基准等比例缩小对象，设置对象填充色为黄色，描边为黑色，描边粗细为1pt，如图7-22所示。

步骤 05 选择【文字工具】输入文字，并在【属性】面板中设置大小、字体系列，在定界框附近拖曳鼠标旋转文字角度，如图7-23所示。

图 7-21　设置颜色　　　　图 7-22　复制填充颜色　　　　图 7-23　创建文字

步骤 06 按组合键【Ctrl+C】复制文字，按组合键【Ctrl+F】将其粘贴到前面，设置字体颜色为红色，适当移动文字位置，使其具有立体感，如图7-24所示。

步骤 07 右击鼠标，执行【选择】→【下方的下一个对象】命令，选中下方的文字，并将文字颜色设置为深一点的红色，效果如图7-25所示。选择最底层的爆炸对象，在定界框附近拖曳鼠标，适当旋转对象，完成爆炸标签的制作，最终效果如图7-26所示。

图 7-24　复制对象　　　　　图 7-25　调整对象顺序　　　　　图 7-26　最终效果

7.2 混合效果

混合对象是在两个对象之间平均分布形状或颜色，从而形成新的对象。使用【混合工具】和【混合】命令，可以在两个对象之间，也可以在多个对象之间创建混合效果。

7.2.1　【混合工具】的应用

使用【混合工具】创建混合效果的具体操作方法如下。

使用【混合工具】，依次单击需要混合的对象。建立的混合对象除了形状发生过渡变化外，颜色也会发生自然的过渡效果，原图和混合效果如图 7-27 所示。

图 7-27　原图和混合效果

> 温馨提示
> 如果图形对象的填充颜色相同，但是一个无描边效果，一个有描边效果，则创建的混合对象同样会显示描边颜色从有到无的过渡效果。

7.2.2　【混合】命令的应用

使用【混合】命令创建混合效果的具体操作步骤如下。

步骤 01 执行【对象】→【混合】→【混合选项】命令，将弹出【混合选项】对话框，在对话框中，设置【间距】下拉选项中选择【指定的步数】为2，完成设置后，单击【确定】按钮，如图 7-28 所示。

步骤 02 使用【选择工具】选择需要创建混合效果的图形对象，如图 7-29 所示。

步骤 03 执行【对象】→【混合】→【建立】命令，即可在对象之间创建混合，效果如图 7-30 所示。

图 7-28 【混合选项】对话框

图 7-29 选择对象

图 7-30 混合效果

7.2.3 设置混合选项

无论是什么属性图形对象之间的混合效果，在默认情况下创建的混合对象，均是根据属性之间的差异来得到相应的混合效果的，而混合选项的设置能够得到具有某些相同元素的混合效果。

双击【混合工具】或执行【对象】→【混合】→【混合选项】命令，将会弹出【混合选项】对话框，如图 7-31 所示。【混合选项】对话框内容详解见表 7-5。

表 7-5 【混合选项】对话框内容详解

图 7-31 【混合选项】对话框

选项	功能介绍
❶间距	选择【平滑颜色】选项，可自动生成合适的混合步数，创建平滑的颜色过渡效果；选择【指定的步数】选项，可以在右侧的文本框中输入混合步数；选择【指定的距离】选项，可以选择由混合工具生成的相邻对象之间的间距
❷取向	在【取向】栏中，如果混合轴是弯曲的路径，单击【对齐页面】按钮，对象的垂直方向与页面保持一致；单击【对齐路径】按钮，对象将垂直于路径

7.2.4 设置混合对象

无论是创建混合对象之前还是之后，都能够通过【混合选项】对话框中的选项进行设置；创建混合对象后，还可以在此基础上改变混合对象的显示效果，以及释放或扩展混合对象。

1. 更改混合对象的轴线

混合轴是混合对象中各步骤对齐的路径。默认情况下，混合轴会形成一条直线，要改变混合轴的形状，可以使用【直接选择工具】单击并拖动路径端点来改变路径的长度与位置；或使用转换锚点工具拖动节点改变路径的弧度，如图 7-32 所示。

图 7-32 更改混合对象的轴线效果

2. 替换混合轴

当绘图区域中存在另外一条路径时，可以将混合对象进行替换，替换混合轴的具体操作步骤如下。

步骤 01 选择路径和混合对象，如图 7-33 所示。

步骤 02 执行【对象】→【混合】→【替换混合轴】命令，即可将混合对象依附于另外一条路径上，效果如图 7-34 所示。

图 7-33 选择对象

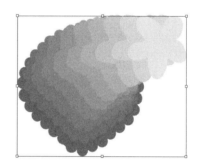

图 7-34 替换混合轴效果

3. 颠倒混合对象中的堆叠顺序

颠倒混合对象中的堆叠顺序的具体操作步骤如下。

步骤 01 选择混合对象，如图 7-35 所示。

步骤 02 执行【对象】→【混合】→【反向混合轴】命令，混合对象中的原始图形对象对调并且改变混合效果，如图 7-36 所示。

图 7-35 选择混合对象

图 7-36 反向混合轴效果

温馨
提示

当混合效果中的对象呈现堆叠效果时，执行【对象】→【混合】→【反向堆叠】命令，对象的堆叠效果会呈
相反方向。

7.2.5 释放与扩展混合对象

当创建混合对象后，就会将混合对象作为一个整体，而原始对象之间混合的新对象不会具有其
自身的锚点，如果要对其进行编辑，则需要将它分割为不同的对象。

1. 释放对象

使用【释放】命令可以将混合对象还原为原始的图形对象，具体操作步骤如下。

步骤 01　选择需要释放的混合对象，如图 7-37 所示。

步骤 02　执行【对象】→【混合】→【释放】命令，或者按组合键【Alt+Ctrl+Shift+B】，可以将
混合对象还原为原始的图形对象，如图 7-38 所示。

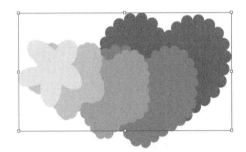

图 7-37　选择混合对象

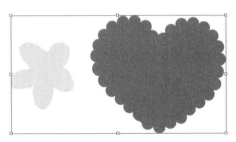

图 7-38　释放混合对象

2. 扩展对象

使用【扩展】命令可以将混合对象转换为编组对象，并且保持效果不变，具体操作方法如下。

选择需要释放的混合对象。执行【对象】→【混合】→【扩展】命令，可以将混合对象转换为编
组对象，如图 7-39 所示。按组合键【Shift+Ctrl+G】取消编组对象，编组对象将被拆分为单个对象，
并能够进行图形编辑，如图 7-40 所示。

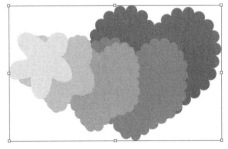

图 7-39　扩展混合对象

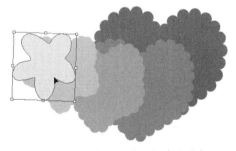

图 7-40　取消编组并编辑单个对象

课堂范例——绘制可爱爬爬虫

本案例主要通过基础图形工具与【混合工具】的操作，创建新的图形效果，具体操作步骤如下。

步骤 01　新建空白文档，选择【椭圆工具】⬛并在画板中单击，在弹出的【椭圆】对话框中，设置【宽度】为70mm，【高度】为55mm，单击【确定】按钮，如图7-41所示。

步骤 02　通过前面的操作，绘制椭圆对象，填充粉红色（#FF99CB），如图7-42所示。

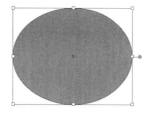

图 7-41　【椭圆】对话框　　　　　图 7-42　绘制椭圆对象并填充颜色

步骤 03　继续选择【椭圆工具】⬛并在画板中单击，在弹出的【椭圆】对话框中，设置【宽度】为70mm，【高度】为40mm，单击【确定】按钮绘制椭圆对象，填充粉红色（#FF99CB），如图7-43所示。

步骤 04　执行【对象】→【混合】→【混合选项】命令，在【混合选项】对话框中，设置【指定的步数】为3，单击【确定】按钮，如图7-44所示。

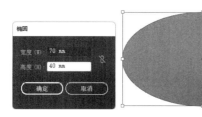

图 7-43　绘制椭圆对象并填充颜色　　　　图 7-44　【混合选项】对话框

步骤 05　选择【混合工具】🔧，依次单击两个对象，创建混合图形，如图7-45所示。

步骤 06　选择【锚点工具】🖊，拖动锚点改变图形的形状，如图7-46所示。执行【对象】→【混合】→【扩展】命令，将混合图形转换为编组图形，如图7-47所示。

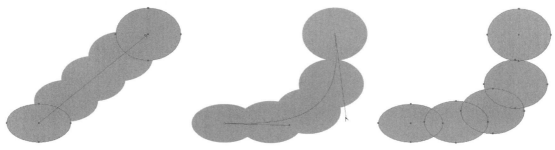

图 7-45　创建混合图形　　　图 7-46　改变图形的形状　　　图 7-47　转换混合图形为编组图形

步骤 07　使用【选择工具】▶选择图形，执行【对象】→【取消编组】命令，单击选择左侧的第一个图形，更改颜色为洋红色（#FF339A），如图 7-48 所示。

步骤 08　单击选择中间的三个图形，分别更改颜色为绿色（#00FF01）、蓝色（#00FFFF）和橙色（#FF6600），如图 7-49 所示。

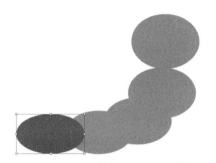

图 7-48　更改第一个图形的颜色

图 7-49　更改中间三个图形的颜色

步骤 09　选择【椭圆工具】◉并在画板中单击，在【椭圆】对话框中设置【宽度】为 55mm，【高度】为 40mm，单击【确定】按钮，为图形填充黄色（#FFFF00），如图 7-50 所示。

步骤 10　继续绘制黑色椭圆（【宽度】为 25mm，【高度】为 20mm），如图 7-51 所示。

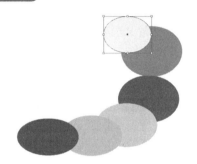

图 7-50　绘制黄色椭圆

图 7-51　绘制黑色椭圆

步骤 11　继续绘制白色椭圆（【宽度】为 8mm，【高度】为 7mm），移动到适当位置，如图 7-52 所示。同时选择黄、黑、白 3 个图形，按组合键【Ctrl+G】编组图形，如图 7-53 所示。

图 7-52　绘制白色椭圆

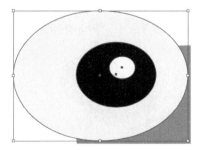

图 7-53　编组图形

步骤 12　选择【镜像工具】▷◁，按住组合键【Alt+Shift】，在黄色对象右侧锚点位置单击，定义镜像轴，如图 7-54 所示。在弹出的【镜像】对话框中，选中【垂直】单选按钮，单击【复制】按钮，如图 7-55 所示。

步骤 13 通过前面的操作，水平镜像复制图形，效果如图 7-56 所示。

图 7-54 定义镜像轴   图 7-55 【镜像】对话框   图 7-56 镜像复制图形

步骤 14 用【椭圆工具】◉绘制橙色（#FF6600）椭圆（【宽度】为 15mm，【高度】为 10mm），如图 7-57 所示。继续使用【椭圆工具】◉绘制白色椭圆（【宽度】为 15mm，【高度】为 2mm），如图 7-58 所示。

图 7-57 绘制红色椭圆   图 7-58 继续绘制白色椭圆

步骤 15 继续绘制两个椭圆图形（【宽度】为 3mm，【高度】为 8mm），分别填充深红色（#9B3E38）和浅粉色（#FECCCB），如图 7-59 所示。

步骤 16 执行【对象】→【混合】→【混合选项】命令，在【混合选项】对话框中，设置【指定的步数】为 3，单击【确定】按钮，选择【混合工具】🔳并依次单击图形，得到混合效果，如图 7-60 所示。

步骤 17 适当调整爬爬虫的身体圆形，使比例更加协调，将刚才绘制的图形移动到适当位置，作为爬爬虫的脚，如图 7-61 所示。

图 7-59 绘制图形   图 7-60 混合效果   图 7-61 综合调整

步骤 18 按住【Alt】键拖动复制图形，执行【对象】→【排列】→【置于底层】命令，调整对象顺序，效果如图 7-62 所示。

步骤 19　使用【选择工具】▶同时选择爬爬虫两条腿，按住【Alt】键拖动复制图形，并适当调整位置，最终效果如图 7-63 所示。

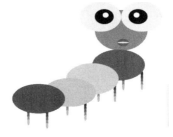

图 7-62　复制图形并调整顺序　　　　　　　　图 7-63　最终效果

7.3 封套的创建与编辑

使用封套可以创建变形网格，编辑封套后，图形对象将发生形状变形，本节将详细介绍封套的创建和编辑方法。

7.3.1 【用变形建立】命令创建封套

通过预设的变形选项，能够直接得到变形后的效果，【用变形建立】命令创建封套的具体操作步骤如下。

步骤 01　使用【选择工具】▶选择需要创建封套的对象，如图 7-64 所示。

步骤 02　执行【对象】→【封套扭曲】→【用变形建立】命令，或者按组合键【Ctrl+Alt+Shift+W】，弹出【变形选项】对话框，在【样式】下拉列表中选择【鱼形】选项，单击【确定】按钮，如图 7-65 所示。鱼形变形效果如图 7-66 所示。

图 7-64　选择对象　　　　图 7-65　【变形选项】对话框　　　　图 7-66　鱼形变形效果

在【变形选项】对话框的【样式】下拉列表中，有多种预设变形效果，选择不同的样式选项可以创建不同的封套效果，如图 7-67 所示；并且还可以通过对话框下方的【弯曲】【水平】【垂直】等选项重新设置变形的参数，从而得到更加精确的变形效果。

图 7-67 其他预设封套变形效果

7.3.2 【用网格建立】命令创建封套

为图形对象变形除了采用预设变形方式外，还可以通过网格方式来完成。具体操作步骤如下。

步骤 01 选择需要创建封套的对象，如图 7-68 所示。

步骤 02 执行【对象】→【封套扭曲】→【用网格建立】命令，或者按组合键【Ctrl+Alt+M】，弹出【封套网格】对话框，在对话框中使用默认参数，单击【确定】按钮，如图 7-69 所示。

图 7-68 选择图形

图 7-69 【封套网格】对话框

步骤 03 通过以上操作，创建指定行数和列数的封套网格，如图 7-70 所示。

步骤 04 选择工具箱中的【网格工具】、【直接选择工具】或路径类工具，拖动节点进行调整即可，调整方法与路径的调整方法相同，如图 7-71 所示。

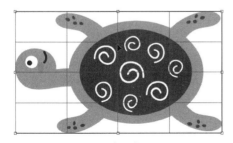

图 7-70 创建封套网格效果

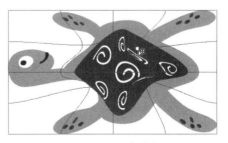

图 7-71 调整节点

7.3.3 【用顶层对象建立】命令创建封套

对于一个由多个图形组成的对象，不仅可以使用【用变形建立】和【用网格建立】命令创建封套，还可以通过顶层图形创建封套，具体操作步骤如下。

步骤 01 选择多图形对象，如图 7-72 所示。

步骤 02 执行【对象】→【封套扭曲】→【用顶层对象建立】命令，或者按组合键【Ctrl+Alt+C】，即可以最上方图形的形状创建封套，如图 7-73 所示。

图 7-72　选择对象

图 7-73　以最上方图形的形状创建封套

> **技能拓展**
>
> 在使用【用顶层对象建立】命令创建封套时，创建后的封套尺寸和形状与顶层对象完全相同。

7.3.4 封套的编辑

创建封套后，虽然进行了简单的网格点编辑，但是对于封套本身或封套内部的对象还可以进行更为复杂的编辑操作。

1. 编辑封套内部对象

选择含有封套的对象，执行【对象】→【封套扭曲】→【编辑内容】命令，或者按组合键【Ctrl+Shift+P】，视图内将显示对象原来的边界。显示出原来的路径后，就可以使用各种编辑工具对单一的对象或对封套中所有的对象进行编辑。

2. 编辑封套外形

创建封套之后，不仅可以编辑封套内的对象，还可以更改封套类型或编辑封套的外部形状，具体操作步骤如下。

选择使用自由封套创建的封套对象，执行【对象】→【封套扭曲】→【用变形重置】命令或执行【对象】→【封套扭曲】→【用网格重置】命令，可将其转换为预设图形封套或是网格封套对象。

3. 编辑封套面和节点

无论是通过变形还是网格得到封套，均能够编辑封套面和节点，从而改变对象的形状，具体操作方法如下。

使用【直接选择工具】▶直接拖动封套面，或者使用钢笔类工具修改节点，改变对象的形状，如图 7-74 所示。

图 7-74　编辑封套面和节点

4. 编辑封套选项

通过【封套选项】对话框设置封套，可以使封套更加符合图形绘制的要求，执行【对象】→【封套扭曲】→【封套选项】命令，弹出【封套选项】对话框，如图 7-75 所示。【封套选项】对话框内容详解见表 7-6。

表 7-6　【封套选项】对话框内容详解

选项	功能介绍
❶消除锯齿	可消除封套中被扭曲图形所出现的混叠现象，从而保持图形的清晰度
❷剪切蒙版和透明度	在编辑非直角封套时，用户可选择这两种方式保护图形
❸保真度	可设置对象适合封套的逼真度。用户可直接在其文本框中输入所需要的参数值或拖动下面的滑块进行调节
❹扭曲外观	选中该项后，另外的两项将被激活。它可使对象具有外观属性，应用了特殊效果对象的效果也随之发生扭曲
❺扭曲线性渐变填充和扭曲图案填充	选中这两项，可以同时扭曲对象内部的直线渐变填充和图案填充

图 7-75　【封套选项】对话框

5. 移除封套

移除封套有两种操作方法，一种方法是将封套和封套中的对象分开，恢复封套中对象的原来面貌；另一种方法是将封套的形状应用到封套中的对象中。

方法一：选择带有封套的对象，执行【对象】→【封套扭曲】→【释放】命令，可得到封套图形和封套里面对象两个图形，从而分别对单个图形进行编辑，如图 7-76 所示。

图 7-76　释放封套

方法二：选择封套对象后，执行【对象】→【封套扭曲】→【扩展】命令，这时封套消失，而内部图形则保留了原有封套的外形，如图 7-77 所示。

图 7-77　扩展封套

7.3.5　吸管工具

【吸管工具】✐是进行图像绘制的常用辅助工具，下面将详细讲述它的具体使用方法和应用领域。

1.使用【吸管工具】复制外观属性

【吸管工具】✐可以在对象间复制外观属性，其中包括文字对象的字符、段落、填色和描边属性。默认情况下，【吸管工具】✐会复制所选对象的所有属性，其具体操作步骤如下。

步骤 01　选择想要更改其属性的对象、文字对象或字符，如图 7-78 所示。

步骤 02　单击工具箱中的【吸管工具】✐，将【吸管工具】✐移至要进行属性取样的对象上并单击，即可复制外观效果，如图 7-79 所示。

图 7-78　选择对象　　　　图 7-79　复制属性

2. 使用【吸管工具】

从桌面复制属性的具体操作步骤如下。

步骤 01   选中要更改属性的对象,单击工具箱中的【吸管工具】 ,单击文档中的任意一点,如图 7-80 所示。

步骤 02   按住鼠标左键不要松开,将鼠标指针移向要复制属性的桌面对象上。当指针定位于指定属性处,松开鼠标按键即可,如图 7-81 所示。

图 7-80   选中对象并单击绘图区域

图 7-81   移动鼠标

双击工具箱中的【吸管工具】 ,可以打开【吸管选项】对话框,如图 7-82 所示。【吸管选项】对话框内容详解见表 7-7。

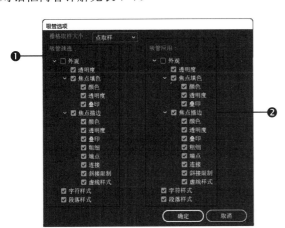

图 7-82   【吸管选项】对话框

表 7-7   【吸管选项】对话框内容详解

选项	功能介绍
❶【吸管挑选】栏	在【吸管挑选】栏中,用户可以选中或取消选中进行属性取样的选项
❷【吸管应用】栏	在【吸管应用】栏中,用户可以选中或取消选中应用属性的选项

取样和应用属性选项包括【外观】【焦点描边】【字符样式】【段落样式】,用户可以根据需要进行选择。

7.3.6   度量工具

【度量工具】 用于测量两点之间的距离并在【信息】面板中显示结果,使用【度量工具】 测量距离的具体操作步骤如下。

步骤 01　单击工具箱吸管工具组中的【度量工具】☑。单击两点以度量它们之间的距离，或者单击第一点并拖移到第二点，如图 7-83 所示。

步骤 02　【信息】面板将显示到 X 轴和 Y 轴的水平与垂直距离、绝对水平与垂直距离、总距离及测量的角度，如图 7-84 所示。

图 7-83　度量距离

图 7-84　【信息】面板

课堂范例——制作窗外的世界

本案例主要通过封套的创建与编辑来展示图形效果，具体操作步骤如下。

步骤 01　打开"素材文件\第 7 章\窗户 .ai"，如图 7-85 所示。

步骤 02　使用【选择工具】▷选择中间的图形，右击，在弹出的快捷菜单中选择【排列】→【置于顶层】命令，如图 7-86 所示。

图 7-85　打开素材

图 7-86　调整图形顺序

步骤 03　打开"素材文件\第 7 章\风景 .jpg"，将其复制粘贴到当前文件中，移动到适当位置，如图 7-87 所示。

步骤 04　使用【选择工具】▶同时选择风景和中间的窗口图形，如图 7-88 所示。

图 7-87　添加素材　　　　　　　　　　　　　图 7-88　选择图形

步骤 05　执行【对象】→【封套扭曲】→【用顶层对象建立】命令，创建封套，效果如图 7-89 所示。

步骤 06　执行【对象】→【排列】→【置于底层】命令，调整图形顺序，如图 7-90 所示。

图 7-89　创建封套　　　　　　　　　　　　　图 7-90　调整图形顺序

7.3.7　透视图

在 Illustrator 2022 中，用户可以在透视模式下绘制图形，在【视图】→【透视网格】下拉菜单中选择启用一种透视网格。Illustrator 提供了预设的两点、一点和三点透视网格，如图 7-91 所示。

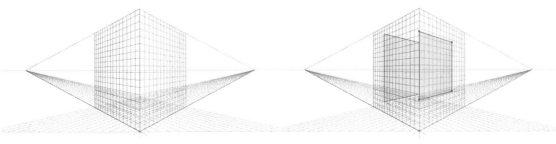

（a）两点透视网格

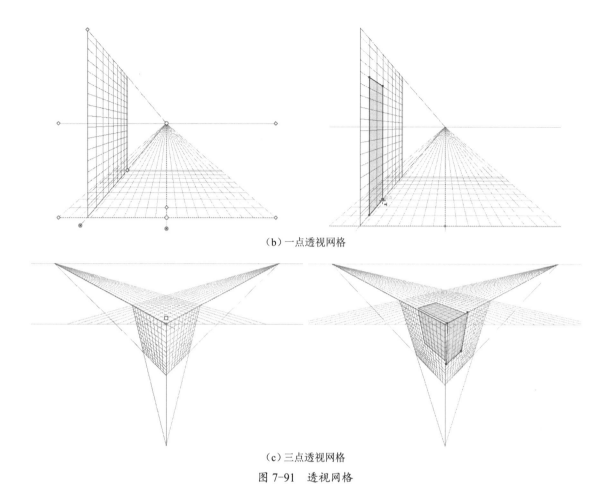

（b）一点透视网格

（c）三点透视网格

图 7-91　透视网格

课堂问答

问题 1：如何重置定界框？

答：旋转对象后，定界框也会随之旋转，如图 7-92 所示。如果不希望定界框旋转，可以执行【对象】→【变换】→【重置定界框】命令，定界框会还原为旋转之前的角度，如图 7-93 所示。

图 7-92　旋转对象

图 7-93　重置定界框

问题 2：如何使用【网格工具】调整封套网格？

答：已添加封套网格的对象，可以通过工具箱中的【网格工具】进行编辑，如增加网格线或减少网格线，以及拖动封套网格等。在使用【网格工具】编辑封套网格时，单击封套网格对象，即可增加对象上封套网格的行列数；按住【Alt】键，单击对象上的网格点或网格线，将减少封套网格的行列数。

问题 3：如何选择透视平面？

答：进入透视模式后，面板左上角会出现一个平面切换构件，想要在哪个透视平面绘图，需要先单击该构件上面的一个网格平面，单击左上角的按钮，可以退出透视模式，如图 7-94 所示。

图 7-94　选择和退出透视平面

上机实战——制作精美背景

在通过本章的学习后，为了让读者巩固本章知识点，下面讲解一个技能综合案例，使读者对本章的知识有更深入的了解。效果展示如图 7-95 所示。

效果展示

图 7-95　显示效果

思路分析

为图形添加精美背景，可以使画面层次分明，更加具有整体感，下面介绍如何为图形制作精美背景。

本例首先使用【矩形工具】■绘制矩形，并使用【晶格化工具】■变形图形，使用【星形工具】■绘制星形，创建封装和混合图形后，放在最底层作为背景，完成制作。

制作步骤

步骤 01　按【Ctrl+N】组合键或执行【新建文档】，设置【宽度】和【高度】均为 600mm。选择【矩形工具】■，拖动鼠标创建图形，填充任意颜色，如图 7-96 所示。

步骤 02　选择绘制的矩形，按住【Alt】键拖动复制图形，如图 7-97 所示。

步骤 03　按【Ctrl+D】组合键 12 次，继续复制图形，如图 7-98 所示。

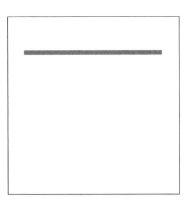
图 7-96　绘制矩形

图 7-97　复制矩形

图 7-98　继续复制图形

步骤 04　执行【窗口】→【色板库】→【庆祝】命令，如图 7-99 所示。

步骤 05　在打开的【庆祝】面板中分别设置色条的颜色，如图 7-100 所示。

图 7-99　选择【庆祝】命令

图 7-100　设置色条颜色

步骤 06　选择【晶格化工具】■，拖动图形进行晶格化变形，复制图形作为备份，效果如图 7-101 所示。

步骤 07　选择【星形工具】■，绘制星形对象，如图 7-102 所示。

图 7-101　晶格化效果

图 7-102　绘制星形

步骤 08　选择所有图形，如图 7-103 所示。执行【对象】→【封套扭曲】→【用顶层对象建立】命令创建封套，效果如图 7-104 所示。

图 7-103　选择所有图形

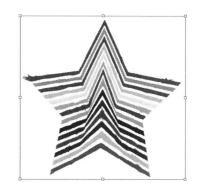

图 7-104　创建封套效果

步骤 09　按住【Alt】键，拖动复制图形，调整图形大小，执行【对象】→【封套扭曲】→【扩展】命令，将封套转换为普通图形，如图 7-105 所示。

步骤 10　选择【混合工具】，依次单击图形，创建混合图形，如图 7-106 所示。

步骤 11　使用【椭圆工具】绘制圆形，然后选择所有图形，如图 7-107 所示。

步骤 12　执行【对象】→【混合】→【替换混合轴】命令，效果如图 7-108 所示。

图 7-105　复制并调整图形大小

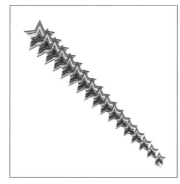

图 7-106　创建混合图形

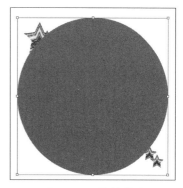

图 7-107　绘制圆形

步骤 13 适当缩小图形，执行【对象】→【混合】→【反向混合轴】命令，效果如图 7-109 所示。

步骤 14 执行【对象】→【混合】→【混合选项】命令，在弹出的对话框中设置【指定的步数】为 10，设置【取向】为对齐路径，单击【确定】按钮，效果如图 7-110 所示。

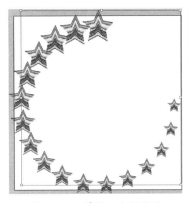
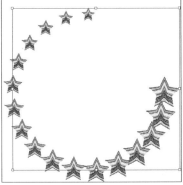

图 7-108　替换混合轴效果　　　　图 7-109　反向混合轴　　　　图 7-110　修改混合效果

步骤 15 打开"素材文件\第 7 章\弹琴.ai"，将其复制粘贴到当前文件中，如图 7-111 所示。

步骤 16 选择前面复制的彩条图形，移动到适当位置，执行【对象】→【排列】→【置于底层】命令，将对象置于最底层，如图 7-112 所示。

步骤 17 在【透明度】面板中，设置【不透明度】为 40%，如图 7-113 所示。

图 7-111　添加素材　　　　图 7-112　调整图层顺序　　　　图 7-113　【透明度】面板

步骤 18 选择【矩形工具】，在画板中单击，在弹出的【矩形】对话框中设置【宽度】和【高度】均为 600mm，单击【确定】按钮绘制矩形，对齐到面板中间，如图 7-114 所示。

步骤 19 同时选择矩形和下方的彩条图形，执行【对象】→【封套扭曲】→【用顶层对象建立】命令，创建封套，效果如图 7-115 所示。

步骤 20 执行【对象】→【排列】→【置于底层】命令，将封套对象置于最底层，最终效果如图 7-116 所示。

图 7-114　绘制矩形

图 7-115　创建封套

图 7-116　调整对象顺序

同步训练——制作放风筝图形

在通过上机实战案例的学习后，为了增强读者的动手能力，下面安排一个同步训练案例，让读者达到举一反三、触类旁通的学习效果。

图解流程

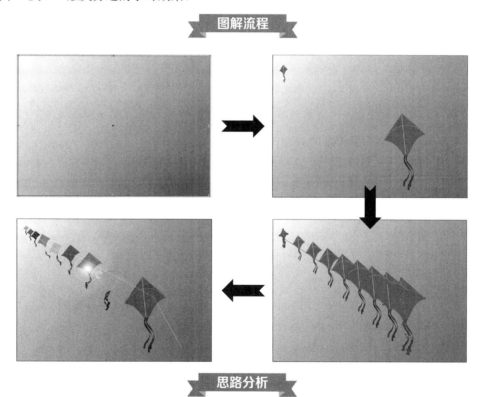

思路分析

天空中飞着的风筝，给人们的生活增添了很多乐趣。风筝的造型丰富多彩，深受小朋友们的喜爱，制作放风筝图形的具体操作方法如下。

本例首先使用【钢笔工具】绘制风筝造型，然后通过【缩拢工具】和【旋转扭曲工具】制作风筝的飘带，接下来使用【混合工具】制作多个风筝，分别调整每个风筝的颜色、大小和旋转角度，然后添加风筝线和光晕，从而完成制作。

关键步骤

步骤 01 按组合键【Ctrl+N】，新建一个宽为 210mm、高为 157mm 的文件。

步骤 02 选择【矩形工具】■，绘制一个与页面等大的矩形，移动到面板中心位置。

步骤 03 在工具箱中，单击【渐变】图标■，在【渐变】面板中，设置【类型】为线性渐变，【角度】为 -40.5°，右边色标颜色为蓝色（#00AEE0），如图 7-117 所示。渐变填充效果如图 7-118 所示。

步骤 04 使用【钢笔工具】✐绘制路径，填充洋红色（#D76CFF），如图 7-119 所示。

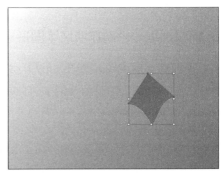

图 7-117 【渐变】面板　　　图 7-118 渐变填充效果　　　图 7-119 绘制图形

步骤 05 继续绘制线条，在选项栏中，设置描边粗细为 0.6mm，描边颜色为黄色（#E4CA31）和深黄色（#CBAB13），如图 7-120 所示。

步骤 06 使用【矩形工具】■绘制路径，填充深蓝色（#005C94），如图 7-121 所示。

步骤 07 使用【选择工具】▶选择蓝色图形，选择工具箱中的【缩拢工具】▩，拖动变形图形，如图 7-122 所示。

图 7-120 绘制线条　　　图 7-121 绘制矩形　　　图 7-122 缩拢图形

步骤 08 选择工具箱中的【旋转扭曲工具】▣，拖动鼠标进行旋转变形，效果如图 7-123 所示。

步骤 09 复制两条蓝色图形，调整大小和旋转角度，如图 7-124 所示。

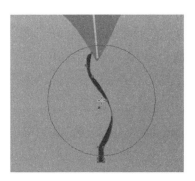

图 7-123 旋转变形

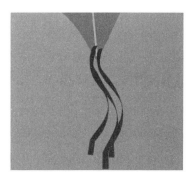

图 7-124 复制图形

步骤 10 选择风筝对象，按组合键【Ctrl+G】编组图形，按【Alt】键拖动复制图形，缩小后移动到左侧适当位置，如图 7-125 所示。

步骤 11 执行【对象】→【混合】→【混合选项】命令，设置【指定的步数】为 7，设置【取向】为对齐路径，单击【确定】按钮，如图 7-126 所示。

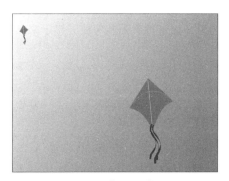

图 7-125 复制风筝图形

图 7-126 【混合选项】对话框

步骤 12 选择【混合工具】，依次单击图形，创建混合图形，如图 7-127 所示。

步骤 13 执行【对象】→【混合】→【扩展】命令，将混合图形转换为普通群组图形，解散群组后，分别调整每个风筝的颜色、大小和旋转角度，如图 7-128 所示。

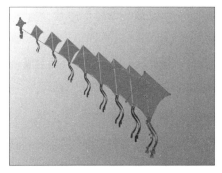

图 7-127 创建混合图形

图 7-128 更改风筝的颜色、大小和旋转角度

步骤 14 使用【钢笔工具】绘制路径，在选项栏中设置描边颜色为白色，设置描边粗细为 0.5mm，如图 7-129 所示。

步骤 15 选择工具箱中的【光晕工具】 🔘，在图形中拖动鼠标得到光晕效果，如图 7-130 所示。

图 7-129 绘制线条

图 7-130 添加光晕

知识能力测试

本章讲解了特殊编辑与混合效果制作的基本方法，为对知识进行巩固和考核，接下来布置相应的练习题。

一、填空题

1. 使用【混合工具】 🔘，依次单击需要混合的对象。建立的混合对象除了＿＿＿＿＿＿发生过渡变化外，＿＿＿＿＿＿也会发生自然的过渡效果。

2. 执行【对象】→【混合】→【替换混合轴】命令，即可将混合对象依附于另外一条＿＿＿＿＿＿上。

3. 要使图形产生漩涡的形状，可以使用＿＿＿＿＿＿，在绘图区域中需要扭曲的对象上单击或拖动鼠标，即可使图形产生漩涡效果。

二、选择题

1. 【变形工具选项】对话框中【简化】可以（　　　）多余锚点的数量，但不会影响形状的整体外观。

A. 减少　　　　　　B. 增加　　　　　　C. 复制　　　　　　D. 调整

2. 使用（　　　）可以在对象间复制外观属性，其中包括文字对象的字符、段落、填色和描边属性。

A.【吸管工具】 🖊　　B.【混合工具】 🔘　　C.【度量工具】 📏　　D.【扇贝工具】 ▓

3. 无论是通过变形还是网格得到封套，均能够编辑封套面和节点，从而改变对象的（　　　）。

A. 属性　　　　　　B. 形状　　　　　　C. 颜色　　　　　　D. 混合轴

三、简答题

1. 什么是混合效果？

2. 如何移除封套？

Illustrator 2022

第8章
文字效果的应用

在学习完混合对象和特殊编辑后,接下来学习文字效果应用的基本方法。本章将详细介绍文字工具的应用、文本的置入和编辑、字符格式的设置,以及对文本进行一些特殊的编辑操作。

学习目标

- 熟练掌握文字对象的创建方法
- 熟练掌握字符格式的设置方法
- 熟练掌握文本的其他操作方法

8.1 文字对象的创建

在Illustrator 2022中，一共有7种输入文本的工具，包括文字工具、区域文字工具、路径文字工具、直排文字工具、直排区域文字工具、直排路径文字工具、修饰文字工具，并且可以将外部文档置入Illustrator中进行编辑。

8.1.1 使用文字工具输入文字

【文字工具】和【直排文字工具】可以在绘制区域中创建点文本和块文本。

1. 点文本的创建

点文本是指从单击位置开始，随着字符输入而扩展的横排或直排文本，创建的每行文本都是独立的，对其进行编辑时，该行将扩展或缩短，但不会换行，如图8-1所示。

2. 块文本的创建

对于整段文字，创建块文本比点文本更有用，块文本有文本框的限制，能够简单地通过改变文本框的宽度来改变行宽，单击工具箱中的【文字工具】或【直排文字工具】，在绘制区域中拖出一个文本框，在文本框中输入文字，如图8-2所示。

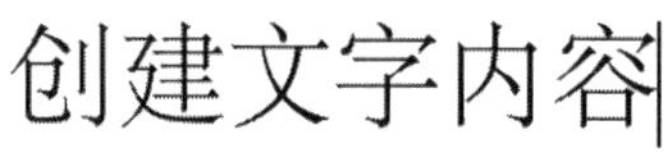

创建文字内容

图 8-1 点文本

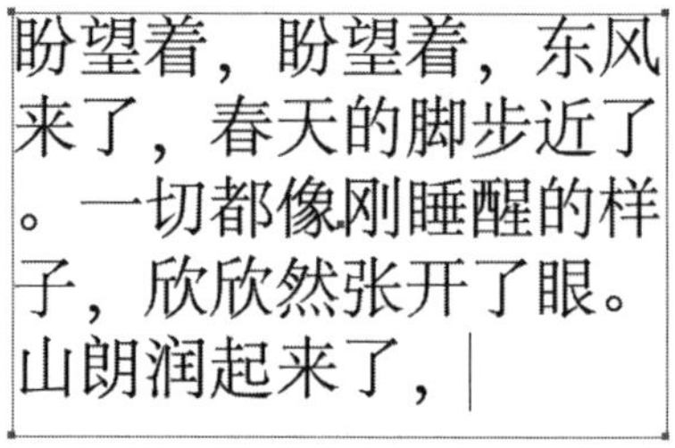

盼望着，盼望着，东风来了，春天的脚步近了。一切都像刚睡醒的样子，欣欣然张开了眼。山朗润起来了，

图 8-2 创建文本框输入文字

> **温馨提示**
> 如果只想改变文本框的大小，不要用缩放工具或比例缩放工具拖动文本框进行变换，因为使用任何一种变形工具都会同时将文本框内的文字进行缩放。

8.1.2 使用区域文本工具输入文字

区域文本工具包括【区域文字工具】和【直排区域文字工具】，使用这两种工具可以将文字放入特定的区域内部，形成多种多样的文字排列效果。下面以【区域文字工具】为例进行讲解，具体操作步骤如下。

步骤 01 使用选择工具选择作为文本区域的路径对象，如图8-3所示。

步骤 02 选择工具箱中的【区域文字工具】，在路径上单击，如图8-4所示。

步骤 03　当出现插入点时输入文字，如果文本超过了该区域所能容纳的数量，将在该区域底部附近出现一个带加号的小方框，如图 8-5 所示。

曲曲折折的荷塘上面，弥望的是田田的叶子。叶子出水很高，像亭亭的舞女的裙。层层的叶子中间，零星地点缀着些白花，有袅娜地开着的，有羞涩地打着朵儿的；正如一粒粒的明珠，又如碧天里的星

图 8-3　选择路径对象　　　　图 8-4　单击鼠标　　　　图 8-5　输入文字

> **温馨提示**
>
> 如果文本超过了该区域所能容纳的数量，将在该区域底部附近出现一个带加号的小方框，拖动文本框的控制点，放大文本框后，即可显示隐藏的文字。

8.1.3　使用路径文本工具输入文字

路径文本工具包括【路径文字工具】和【直排路径文字工具】。选择工具后，在路径上单击，出现文字输入点后，输入文本，文字将沿着路径的形状进行排列。

执行【文字】→【路径文字】→【路径文字选项】命令，弹出【路径文字选项】对话框，在对话框中，可以设置路径文字参数，如图 8-6 所示。设置的路径文字效果如图 8-7 所示。【路径文字选项】对话框内容详解见表 8-1。

图 8-6　【路径文字选项】对话框

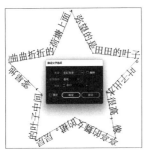

图 8-7　路径文字效果

表 8-1　【路径文字选项】对话框内容详解

选项	功能介绍
❶效果	在【效果】下拉列表框中，可以选择系统预设的文字排列效果
❷对齐路径	在【对齐路径】下拉列表框中，可以选择文字对齐路径的方式
❸间距	设置文字在路径上排列的间距

选项	功能介绍
❹翻转	选中此项后，可以改变文字方向

8.1.4 路径置入

在 Illustrator 2022 中，可以允许用户将其他应用程序创建的文本文件导入图稿中，置入命令可以置入 Microsoft Word、RTF 文件和纯文字文件。

执行【文件】→【置入】命令，弹出【置入】对话框，选择需要转入的文本对象，单击【置入】按钮，如图 8-8 所示。

弹出【Microsoft Word 选项】对话框，根据实际需要，在【包含】栏中选择导入文本包括的内容，选中【移去文本格式】复选框，将会清除源文件中的格式，单击【确定】按钮，如图 8-9 所示。通过前面的操作即可置入文本，效果如图 8-10 所示。

图 8-8 【置入】对话框 | 图 8-9 【Microsoft Word 选项】对话框 | 图 8-10 置入文本

8.1.5 修饰文字工具

在设计中，为了增强视觉效果，特别是标题文字，常会单独编辑其中一个字，为了提高工作效率，新增了【修饰文字工具】▨（组合键为【Shift+T】），具体操作步骤如下。

步骤 01 创建文字，使用【修饰文字工具】▨单击第一个字，如图 8-11 所示。

步骤 02 拖动右上角的小圆圈可以放大文字，如图 8-12 所示。

步骤 03 拖动上方中间的小圆圈可以旋转文字，如图 8-13 所示。

图 8-11 选择文字 | 图 8-12 放大文字 | 图 8-13 旋转文字

步骤 04　将光标放到文字中间可以移动文字，如图 8-14 所示。
步骤 05　还可以对文字进行填色和描边，如图 8-15 所示。

图 8-14　移动文字

图 8-15　填色文字

课堂范例——创建图形文字

在 Illustrator 中创建文字的方式很灵活，通过图形创建文字可以得到很多漂亮的效果，具体操作步骤如下。

步骤 01　打开"素材文件\第 8 章\蝴蝶.ai"，如图 8-16 所示。
步骤 02　选择工具箱中的【路径文字工具】，在路径上单击，定义文字输入点，如图 8-17 所示。
步骤 03　出现文字输入点后，输入文本，文字将沿着路径的形状进行排列，而文字的排列会与基线平行，如图 8-18 所示。

图 8-16　素材图形

图 8-17　定义文字输入点

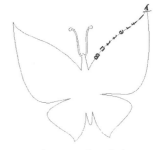

图 8-18　输入文本

步骤 04　继续输入文字，文字将沿着路径的形状进行排列，填满路径，如图 8-19 所示。
步骤 05　选择工具箱中的【文字工具】，在图形内部单击，再次定义文字输入点，如图 8-20 所示。继续输入文本，效果如图 8-21 所示。

图 8-19　继续输入文字

图 8-20　再次定义文字输入点

图 8-21　继续输入文本

步骤 06　按【Enter】键确认文字输入，如图 8-22 所示。在选项栏中，设置【字体大小】为 10pt，如图 8-23 所示。

步骤 07　拖动文本框右上角的控制点，适当旋转文字方向，效果如图 8-24 所示。

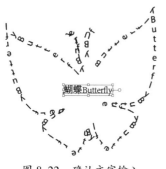
图 8-22　确认文字输入

图 8-23　设置文字大小

图 8-24　旋转文本框效果

温馨提示　当输入的文字无法完全显示时，剩余的文字并不是被删除，而是被隐藏在路径中，通过修改文字的字号、间距或改变路径的长度，均能够显示被隐藏的文字。

8.2　字符格式的设置

字符格式的设置可以在【字符】面板中进行，包括字体、字体大小、水平缩放、字符间距等。

8.2.1　选择文本

选择文本包括选择字符、选择文字对象及选择路径对象，选择文字后，即可在【字符】面板中对该文本进行编辑。下面介绍选择文本的几种方法。

（1）选择字符：选择相应的文本工具，拖动一个或多个字符将其选择，如图 8-25 所示；或选择一个或多个字符，执行【选择】→【全部】命令，可以选择文字对象中的所有字符，如图 8-26 所示。

图 8-25　选择文字　　　　　　　　　　　　　　图 8-26　全选字符

（2）选择文本对象：使用【选择工具】或【直接选择工具】单击文字，即可选择文本，选择文本对象后，将在该对象的周围显示一个边框，如图 8-27 所示。

（3）选择路径文本：使用文字工具在路径对象上拖动，即可选择路径中的文本对象，如图 8-28 所示。双击可以选择路径上的所有文本对象。

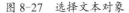

图 8-27 选择文本对象   图 8-28 选择路径文本

8.2.2 设置字符属性

在【字符】面板中，可以改变文档中单个字符的设置，执行【窗口】→【文字】→【字符】命令，可以打开【字符】面板，在默认情况下，【字符】面板中只显示最常用的选项，如图 8-29 所示。单击面板右上角的 ▤ 按钮，可以打开面板快捷菜单，如图 8-30 所示。选择【显示选项】命令，可以显示更多的设置选项，如图 8-31 所示。

图 8-29 常用【字符】面板   图 8-30 面板快捷菜单   图 8-31 完整【字符】面板

1. 设置字体

首先要选择输入的文字，在【字符】面板中设置字体属性，即可设置文字字体，如图 8-32 所示。

图 8-32 在【字符】面板中设置字体

2. 设置字体大小

在默认情况下，输入的文字大小为 12pt，要想改变文字大小，首先要选择输入的文字，然后在面板相应位置进行更改。

3. 字距调整

字距调整可以收紧或放松文字的间距，该值为正值时，字距变大，如图 8-33 所示。该值为负值时，字距变小。

图 8-33　在【字符】面板中设置字距

4. 字距微调

字距微调是指增加或减小指定字符间距，使用文字工具在需要调整的文字间单击，进入文本输入状态后，即可在【字符】面板中进行调整，效果如图 8-34 所示。

图 8-34　字距微调效果

5. 设置水平和垂直缩放

水平和垂直缩放可以更改文字的宽度和高度比例，未缩放字体的值为 100%。有些字体系列包括真正的扩展字体，这种文字系列的水平宽度要比普通字体样式宽一些，缩放操作会使文字失真。因此最好使用已紧缩或扩展的字体。

要自定义文字的宽度和高度，可以选择文字后在【字符】面板中进行设置，水平和垂直缩放效果如图 8-35 所示。

图 8-35　水平和垂直缩放效果

6. 使用空格

空格是字符前后的空白间隔。在【字符】面板中，可以修改特殊字符的前后留白程度。选择要调整的字符，在【字符】面板中进行设置即可，效果如图 8-36 所示。

图 8-36　使用空格效果

7. 设置基线偏移

【基线偏移】命令可以相对于周围文本的基线上下移动所选字符，在以手动方式设置分数字或调整图片与文字之间的位置时，基线偏移尤为有用。

选择要更改的字符或文字对象，在【字符】面板中设置【基线偏移】选项，输入正值会将字符的基线移到文字行基线的上方，输入负值则会将基线移到文字行基线的下方，效果如图 8-37 所示。

图 8-37 基线偏移效果

8. 设置字符旋转

通过调整【字符旋转】选项栏的数值可以改变文字的方向。如果要将文字对象中的字符旋转特定的角度，可以选择要更改的字符或文字对象，在【字符】面板的【字符旋转】选项栏中设置数值即可，效果如图 8-38 所示。

图 8-38 字符旋转效果

> **温馨提示**
> 如果要使横排文字和直排文字互相转换，先选择文字对象，再执行【文字】→【文字方向】→【水平】命令，或者执行【文字】→【文字方向】→【垂直】命令。

9. 设置特殊样式

在【字符】面板中，单击倒数一排的"T"状按钮可以为字符添加特殊效果，包括下划线和删除线等，如图 8-39 所示。

图 8-39 设置特殊样式

10. 特殊字符的输入

字体中包括许多特殊字符，根据字体的不同，这些字符包括连字、分数字、花饰字、装饰字、上标和下标字符等，插入特殊字符的具体操作方法如下。

在绘图区域中定位文字插入点，执行【窗口】→【文字】→【字形】命令，在【字形】面板中选择需要的字符，双击所选字符即可，如图8-40所示。

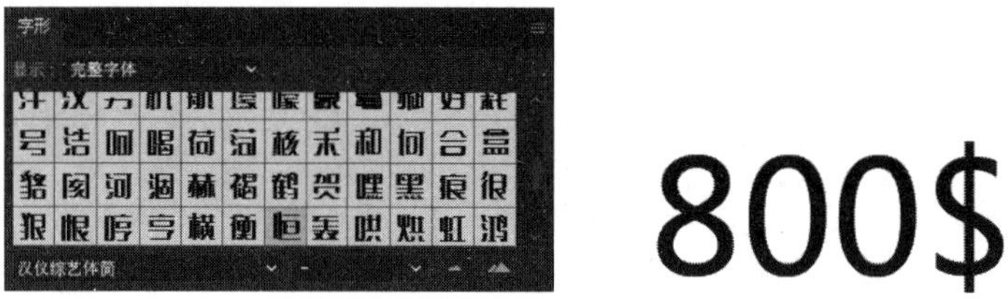

图 8-40　输入特殊字符

8.2.3 设置段落格式

设置段落样式将影响整个文本的段落，而不是一次只针对一个字母或一个字。执行【窗口】→【文字】→【段落】命令，可以打开【段落】面板，在面板中，可以更改行和段落的格式，如图8-41所示。

图 8-41　【段落】面板

> **温馨提示**
> 要对单独一个段落使用设定段落格式选项，使用文字工具在相应段落中定位即可进行格式设置；如果要对整个段落文本进行格式设置，则需要使用选择工具选择块文本，在【段落】面板中进行设置。

1. 段落对齐方式

区域文字和路径文字可以与文字路径的一个或两个边缘对齐，通过调整段落的对齐方式使段落更加美观整齐，在【段落】面板中提供了七种选项。

选中段落文本后，在【段落】面板中单击相应的对齐按钮即可，常用的段落对齐方式如图8-42所示。

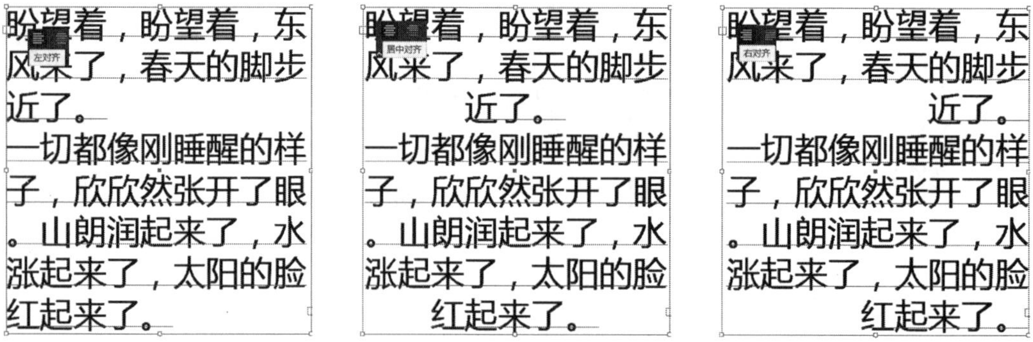

图 8-42　常用的段落对齐方式

2. 设置行距

在【段落】面板中，可以调整段落的行距。行距是一种字符属性，可以在同一段落中应用多种行距，一行文字中的最大行距将决定该行的行距。选择要设置行距的段落，在【字符】面板中，设置行距即可。

3. 设置段前和段后间距

段前间距设置可以在段落前面增加额外间距，段后间距设置可以在段落后面增加额外间距。选择段落，在【段落】面板中设置【段前间距】或【段后间距】即可。

4. 设置首行缩进

在【段落】面板中，可以通过调整首行缩进来编辑段落，使段落更加符合传统标准。

5. 设置缩进和悬挂缩进

在【段落】面板中，通过调整段落缩进的数值和使用悬挂缩进来编辑段落，可以使段落边缘显得更加对称。段落缩进分为左缩进和右缩进两种，缩进只影响选择的段落，可以同时为多个段落设置不同的缩进。

课堂范例——调整行距和字距

在文本对象中，行与行之间的距离称为行距，字符与字符之间的距离称为字距。调整字距和行距时，当值为正值时，字距和行距会变大；当值为负值时，字距和行距会变小，具体操作步骤如下。

步骤 01　打开"素材文件\第 8 章\字距调整 .ai"文件，并选择文本，如图 8-43 所示。

步骤 02　在【字符】面板的【设置行距】参数框中设置数值，调整字符行距，如图 8-44 所示。

图 8-43　打开素材选择文本

图 8-44　设置字符行距数值

步骤 03　在【设置所选字符的字距调整】参数框中输入数值，设置字符距离，如图 8-45 所示。

步骤 04　选择【文字工具】，将文本插入点定位在【月】和【光】两字之间，在【设置两个字符间的字符微调】参数框中输入数值，设置特定字符之间的字距，如图 8-46 所示。

图 8-45　设置字符距离

图 8-46　设置字符距离

8.3 文本的其他操作

除了可以编辑文本外，还可以对文本进行一些其他操作，如字符和段落样式应用、转换文本
为路径等，下面将分别进行介绍。

8.3.1　字符和段落样式

使用样式面板，可以创建、编辑字符所要应用的字符样式，从而节省时间并确保样式一致。

【字符样式】是许多字符格式属性的集合，可应用于所选的文本范围。执行【窗口】→【文字】
→【字符样式】命令，即可打开【字符样式】面板，如图 8-47 所示。

在面板中可以创建、应用和管理字符要应用的样式，只需选择文本并在其中的一个面板中单击
样式名称即可。如果未选择任何文本，则会将样式应用于所创建的新文本。

【段落样式】面板与【字符样式】面板的作用相同，均是为了保存与重复应用文字的样式，这样
在工作中可以节省时间并确保格式一致。段落样式包括段落格式属性，并可应用于所选段落，也可
应用于段落范围。

执行【窗口】→【文字】→【段落样式】命令，即可打开【段落样式】面板，如图 8-48 所示。在
【段落样式】面板中，可以创建、应用和管理段落样式。

图 8-47　【字符样式】面板

图 8-48　【段落样式】面板

8.3.2　将文本转换为轮廓路径

文本可以通过应用路径文字效果创建一些特殊效果，也可以通过将文本转换为轮廓从而创建文字轮廓路径，并使用路径编辑工具进行编辑，具体操作步骤如下。

步骤 01　选择目标文本对象，执行【文字】→【创建轮廓】命令或按组合键【Ctrl+Shift+O】，将文字转换为轮廓路径，如图 8-49 所示。

图 8-49　将文字转换为轮廓路径

步骤 02　使用【直接选择工具】，拖动路径节点进行调整，效果如图 8-50 所示。

图 8-50　调整路径节点

8.3.3　文字串接与绕排

每个区域文字都包括输入连接点和输出连接点，由此可连接到其他对象并创建文字对象的连接副本，用户可以根据页面整体需要，进行串接和中断串接，以及进行文本绕排。

1. 串接文字

若要在对象间串接文本，必须先将文本对象连接在一起。连接的文字对象可以是任何形状，但其文本必须为区域文字或路径文字，而不能为点文字，具体操作步骤如下。

步骤 01　使用【选择工具】选择需要设置的串接的文本框，每个文本框都包括一个入口和出口，在出口图标上出现一个红色加号符号，表示对象包括隐藏文字，在红色加号符号处单击，如图 8-51 所示。

步骤 02　在需要创建串接文字的位置单击并拖动鼠标，创建文本框，释放鼠标，隐藏文字将会流动到新创建的文本框中，如图 8-52 所示。

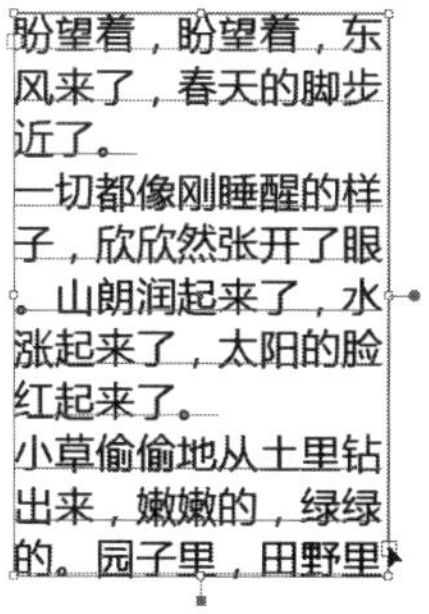

图 8-51　创建文本框

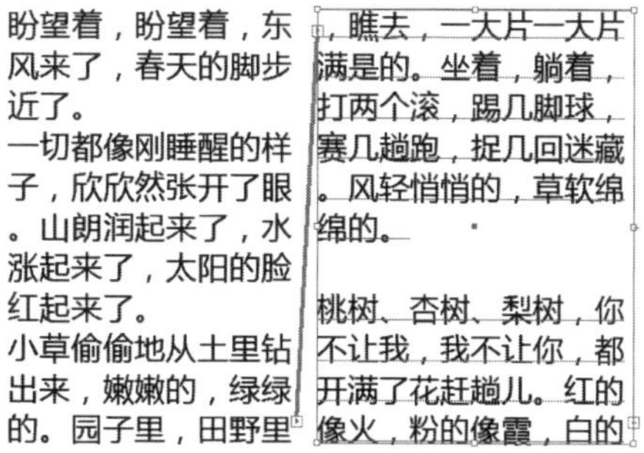

图 8-52　创建串接文本框

2. 文本绕排

在 Illustrator 2022 中，用户可以将文字沿着任何对象排布，需要文字绕着它的这个对象必须放在文字对象的上层，设置文字绕排的具体操作步骤如下。

步骤 01 选择需要设置绕排的文字和对象，如图 8-53 所示。

步骤 02 执行【对象】→【文本绕排】→【建立】命令，弹出【Adobe Illustrator】提示对话框，单击【确定】按钮，如图 8-54 所示。文本绕排的效果如图 8-55 所示。

图 8-53　选择文字和图片对象　　图 8-54　提示对话框　　图 8-55　文本绕排效果

用户可以在绕排文本之前或之后设置绕排选项。执行【对象】→【文本绕排】→【文本绕排选项】命令，将弹出【文本绕排选项】对话框，如图 8-56 所示。【文本绕排选项】对话框内容详解见表 8-2。

图 8-56　【文本绕排选项】对话框

表 8-2　【文本绕排选项】对话框内容详解

选项	功能介绍
❶位移	指定文本和绕排对象之间的间距大小
❷反向绕排	反向绕排文本

8.3.4　大小写转换

在Illustrator 2022中，可以更改英文字母的大小写。例如，将大写字母转换为小写字母，将单词首字母更改为大写字母等。

选择需要转换的英文字母，执行【文字】→【更改大小写】命令，在弹出的子菜单中选择相应的命令进行大小写转换即可。

🧑 课堂问答

问题1：如何删除空的文字对象？

答：在Illustrator中编辑文本时，有时会因为误操作而创建空白文字对象，执行【对象】→【路径】→【清理】命令，打开【清理】对话框，选中【空文本路径】复选框，单击【确定】按钮，即可删除文稿中所有的空白文本对象。

问题2：如何使文字看起来更加整齐？

答：当【视觉边距对齐方式】选项打开时，标点符号和字母边缘会自动溢出文本边缘，使文字看起来更加整齐。选择文字对象，如图8-57所示。执行【文字】→【视觉边距对齐方式】命令，如图8-58所示。

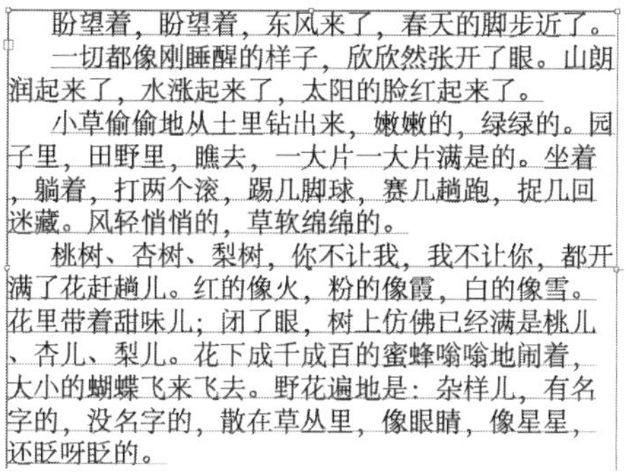

图 8-57　选择文字

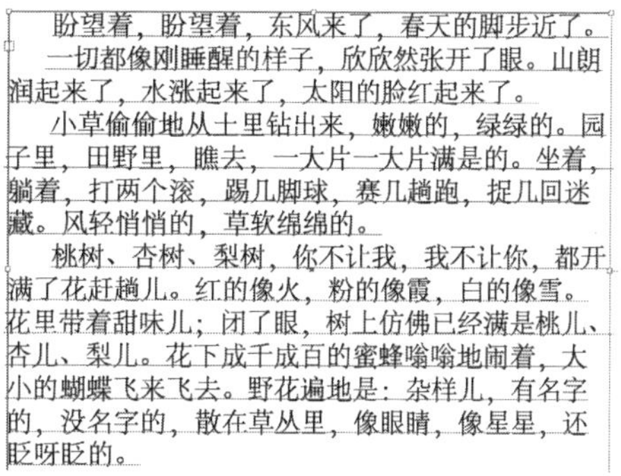

图 8-58　视觉边距对齐效果

问题3：文字类型可以相互转换吗？

答：点状文字和区域文字可以相互转换。选择点状文字后，执行【文字】→【转换为区域文字】命令，可将其转换为区域文字。选择区域文字后，执行【文字】→【转换为点状文字】命令，可将其转换为点状文字。实际工作根据需要进行转换。

🖼 上机实战——制作游园活动宣传单

通过本章的学习，为了让读者能巩固本章知识点，下面讲解一个技能综合案例，使读者对本章的知识有更深入的了解。效果展示如图8-59所示。

图 8-59 展示效果

思路分析

宣传单可以方便、快捷地传达广告意图，是最常见的宣传方式，下面介绍如何制作游园活动宣传单。

本例首先制作广告背景，接下来添加素材图形，最后添加并制作文字效果，完成整体制作。

制作步骤

步骤 01 按组合键【Ctrl+N】，新建一个宽 297mm、高 210mm 的文件，再用【矩形工具】■绘制一个与页面等大的矩形。

步骤 02 在【渐变】面板中，设置【类型】为径向渐变，【角度】为 0°，渐变色标为蓝色（#2EA7E0）、浅蓝色（#E4F4FD），将矩形移动到面板中间，如图 8-60 所示。

步骤 03 使用【钢笔工具】■绘制路径，并填充白色，如图 8-61 所示。执行【对象】→【变换】→【旋转】命令，在弹出的对话框中设置【角度】为 30°，单击【复制】按钮，复制旋转的效果，如图 8-62 所示。

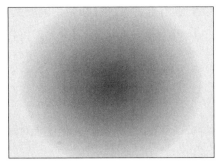

图 8-60 渐变填充效果

图 8-61 绘制路径

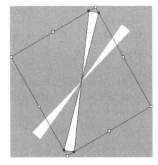

图 8-62 旋转图形

步骤 04　按组合键【Ctrl+D】4 次，多次复制图形，效果如图 8-63 所示。编组旋转图形后，移动到适当位置，在【透明度】面板中，更改【不透明度】为 30%，如图 8-64 所示。

步骤 05　效果如图 8-65 所示。

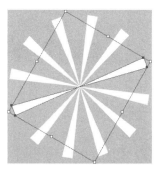

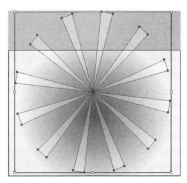

图 8-63　多次复制图形　　　　　图 8-64　【透明度】面板　　　　　图 8-65　更改不透明度效果

步骤 06　打开"素材文件\第 8 章\云朵 .ai"，将其复制粘贴到当前文件中，并复制多个图形，移动到适当位置，如图 8-66 所示。

步骤 07　打开"素材文件\第 8 章\彩条 .ai"，将其复制粘贴到当前文件中，移动到适当位置，如图 8-67 所示。

步骤 08　选择矩形，执行【编辑】→【复制】命令，再执行【编辑】→【就地粘贴】命令，即可就地粘贴图形，效果如图 8-68 所示。

图 8-66　添加云朵　　　　　图 8-67　添加彩条　　　　　图 8-68　复制并就地粘贴矩形

步骤 09　使用【选择工具】同时选择白条、云朵、彩条和上层矩形图形，如图 8-69 所示。执行【对象】→【剪切蒙版】→【建立】命令，创建剪切蒙版，如图 8-70 所示。

步骤 10　使用工具箱中的【文字工具】，在选项栏中，设置字体为汉仪黑咪体简，【字体大小】为 30pt，在图形中单击定义文字输入点，如图 8-71 所示。

步骤 11　在图形中输入文字"宝贝总动员"，如图 8-72 所示。

步骤 12　拖动鼠标选择"总动员"三个字，在选项栏中，设置【字体大小】为 25pt，效果如图 8-73 所示。

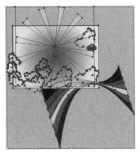
图 8-69　选择图形

图 8-70　创建剪切蒙版

图 8-71　定义文字输入点

图 8-72　输入文字

图 8-73　更改文字大小

步骤 13　使用【选择工具】█选择文字，执行【文字】→【创建轮廓】命令，将文字转换为轮廓，在【渐变】面板中，设置【类型】为线性渐变，渐变颜色为橙色（#DE541A）、浅橙色（#E99413），如图 8-74 所示。

步骤 14　填充渐变色效果如图 8-75 所示。

图 8-74　【渐变】面板

图 8-75　填充渐变色效果

步骤 15　在选项栏中，设置描边为白色，描边粗细为 1mm，如图 8-76 所示。

步骤 16　继续使用【文字工具】█输入文字"美丽时光广场六一游园活动"，在选项栏中，设置文字颜色为白色，字体为汉仪粗圆简，【字体大小】为 12pt，如图 8-77 所示。

图 8-76　添加文字描边

图 8-77　继续输入文字

步骤 17　拖动选择整行文字后，在【字符】面板中，设置【字距】为 200，调整字距效果如图 8-78 所示。

步骤 18　执行【效果】→【变形】→【旗形】命令，在弹出的对话框中设置【弯曲】为 -100%，单击【确定】按钮，效果如图 8-79 所示。

图 8-78　调整字距效果

图 8-79　变形效果

步骤 19　继续使用【文字工具】■ 输入文字"五彩宝乐会"，在选项栏中，设置文字颜色为白色，字体为汉仪黑咪体简，【字体大小】为 35pt 和 45pt，如图 8-80 所示。

步骤 20　使用【选择工具】■ 选择文字，执行【文字】→【创建轮廓】命令，将文字转换为轮廓，执行【对象】→【取消编组】命令取消编组，如图 8-81 所示。

图 8-80　输入文字

图 8-81　创建轮廓并取消编组

步骤 21 在选项栏中，设置描边颜色为洋红（#F9F5F4）、蓝（#F9F5F4）、绿（#009944），描边粗细为 1mm，如图 8-82 所示。

步骤 22 打开"素材文件\第 8 章\房子.ai"，将其复制粘贴到当前文件中，并移动到适当位置，如图 8-83 所示。

图 8-82 设置描边

图 8-83 添加房子素材

步骤 23 打开"素材文件\第 8 章\小孩.ai"，将其复制粘贴到当前文件中，并移动到适当位置，如图 8-84 所示。

步骤 24 使用【选择工具】选择"宝"字，设置【填充】为黄色（#F8E700），效果如图 8-85 所示。

图 8-84 添加小孩素材

图 8-85 更改文字颜色

同步训练——制作美味点心宣传名片

在通过上机实战案例的学习后，为增强读者的动手能力，下面安排一个同步训练案例，让读者达到举一反三、触类旁通的学习效果。

图解流程

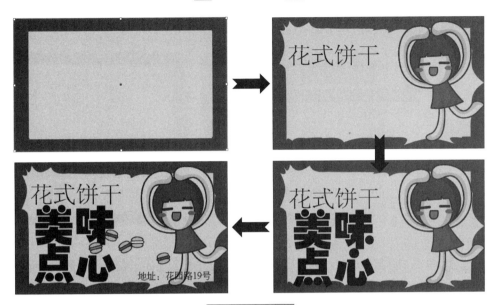

思路分析

宣传名片是宣传产品的窗口，可以让收到名片的人快速了解产品的信息，制作宣传名片的具体操作方法如下。

本例首先使用【矩形工具】■绘制图形，并通过【晶格化工具】■制作背景，接下来添加文字和素材，完成制作。

关键步骤

步骤 01 按组合键【Ctrl+N】，新建一个宽 92mm、高 56mm 的文件，然后用【矩形工具】■绘制一个与页面等大的矩形，为矩形填充红色（#D6134C），如图 8-86 所示。

步骤 02 继续选择【矩形工具】■，在画板中单击，在弹出的【矩形】对话框中，设置【宽度】为 80mm，【高度】为 46mm，单击【确定】按钮绘制矩形，填充黄色（#F5E928），如图 8-87 所示。

图 8-86 绘制红色矩形

图 8-87 绘制黄色矩形

步骤 03 在面板中单击【对齐关键对象】选项■，如图 8-88 所示。选择红色对象作为关键对象，如图 8-89 所示。

步骤 04 在选项栏中单击 对齐 按钮，在弹出的面板中单击【水平居中对齐】按钮 및 和【垂直居中对齐】按钮 몸，对齐效果如图 8-90 所示。

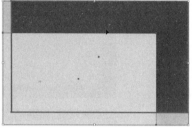

图 8-88 单击按钮　　　　图 8-89 选择关键对象　　　　图 8-90 对齐效果

步骤 05 使用【选择工具】 ▷ 选择黄色图形，选择【晶格化工具】 ✋，在边缘拖动来变形图形，如图 8-91 所示。

步骤 06 单击工具箱中的【文字工具】 T，在图形中输入文字，在选项栏设置字体为汉仪报宋简，【字体大小】为 10pt。打开"素材文件\第 8 章\跳舞.ai"，将其复制粘贴到当前文件中，移动到适当位置，如图 8-92 所示。

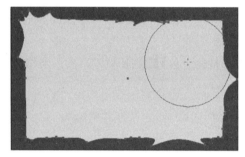

图 8-91 图形变形　　　　　　　　　　图 8-92 输入文字

步骤 07 选择工具箱中的【文字工具】 T，在图形中继续输入文字，在选项栏中，设置字体为汉仪圆叠体简，【字体大小】为 18pt，如图 8-93 所示。

步骤 08 调整文字分行效果，选择文字，效果如图 8-94 所示。

图 8-93 继续输入文字　　　　　　　　图 8-94 调整文字分行效果

步骤 09　在【字符】面板中，设置【行距】为16pt，如图 8-95 所示。

步骤 10　调整文字分行效果，选择文字，效果如图 8-96 所示。

图 8-95　【字符】面板

图 8-96　文字效果

步骤 11　打开"素材文件\第 8 章\饼干.ai"，将其复制粘贴到当前文件中，调整并移动到适当位置，如图 8-97 所示。

步骤 12　使用【文字工具】T，在图形中输入文字，在选项栏中，设置字体为汉仪报宋简，【字体大小】为4pt，适当调整文字的位置，最终效果如图 8-98 所示。

图 8-97　添加素材

图 8-98　最终效果

知识能力测试

本章讲解了文字效果应用的基本方法，为对知识进行巩固和考核，接下来布置相应的练习题。

一、填空题

1. 输入文字常用的基本工具包括＿＿＿和＿＿＿，可以在绘制区域中创建点文本和块文本。

2. 路径文本工具包括【路径文字工具】和【直排路径文字工具】。选择工具后，在＿＿＿＿上单击，出现文字输入点后，输入文本，文字将沿着路径的形状进行排列。

3. 选择文本包括＿＿＿、＿＿＿及＿＿＿，选择文字后，即可在【字符】面板中对该文本进行编辑。

二、选择题

1. 如果文本超过了该区域所能容纳的数量，将在该区域底部附近出现一个带（　　　）的小方框，拖动文本框的控制点，放大文本框后，即可显示隐藏的文字。

A. 句号　　　　　　　B. 感叹号　　　　　　　C. 加号　　　　　　　D. 减号

2. 水平和垂直缩放可以更改文字的宽度和高度比例，未缩放字体的值为（　　　）。

A. 110%　　　　　　　B. 0%　　　　　　　C. 50%　　　　　　　D. 100%

3. 关于文字串接与绕排的描述正确的是（　　　）。

A. 每个区域文字都包括输入连接点和输出连接点，用户可以根据文字大小的整体需要，进行串接和中断串接

B. 若要在对象间串接文本，必须先将文本对象连接在一起

C. 连接的文字对象可以是任何形状，但其文本必须为区域文本、路径文本和点文本

D. 在 Illustrator 2022 中，用户可以将文字沿着任何对象排布，需要文字绕着它的这个对象必须放在文字对象的下层

三、简答题

1.【段落样式】面板的作用是什么？

2. 字距微调和字距调整有什么区别？

Illustrator 2022

在学习完文字编辑后，接下来学习图层和蒙版的知识，它使对象的管理更有条理。本章将详细介绍图层的基础知识、剪切蒙版的基本应用、图层混合模式和图层不透明度等知识。

学习目标

- 熟练掌握图层的基础知识
- 熟练掌握图层混合模式和不透明度等知识

9.1 图层基础知识

图层可以更加有效地组织对象，在绘图过程中，若创建了一个可以复制的文件，而又想快速准确地跟踪文档窗口的特定图形，使用图层进行操作是非常高效的。

9.1.1 【图层】面板

在【图层】面板中，提供了一种简单易行的方法，它可以对作品的对象进行选择、隐藏、锁定和更改，也可以创建模板图层。

执行【窗口】→【图层】命令，弹出【图层】面板，如图 9-1 所示。单击面板右上方的 ≣ 按钮，可以打开【图层】快捷菜单，该菜单显示了选定图层可用的不同选项。【图层】面板内容详解见表 9-1。

图 9-1 【图层】面板

表 9-1 【图层】面板内容详解

选项	功能介绍
❶选择图标	单击可选择图形
❷选择的图层	指示当前选择的图层
❸切换可视性图标	可切换图层的显示与隐藏
❹切换锁定	可切换图层锁定/解除锁定
❺其他按钮	单击 按钮，可以创建或释放剪切蒙版。单击 按钮，可创建新的父图层。单击 按钮，可创建新的子图层。单击 按钮，可删除所选图层或项目

9.1.2 图层的基本操作

在【图层】面板中可以对图稿的外观属性进行选择、隐藏、锁定和更改等操作，甚至可以创建模板图层，这些模板图层可用于描摹图稿，以及与 Photoshop 交换图层。

1. 图层缩览图显示

在默认情况下图层缩览图以【中】尺寸显示，在【图层】快捷菜单中，选择【面板选项】命令，弹出【图层面板选项】对话框，在【行大小】栏中启用不同的选项，能够得到不同尺寸的图层缩览图，如图 9-2 所示。

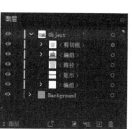

图 9-2　不同尺寸的图层缩览图

温馨提示　处理复杂文件时,在【图层】面板中显示缩览图可能会降低性能,所以可以关闭图层缩览图以提高性能,在【图层面板选项】对话框中,选中【小】单选按钮即可。

2.显示与隐藏图层

在【图层】面板中,单击左侧的【切换可视性】图标 ◎ 可以控制相应图层中图形对象的显示与隐藏,通过单击隐藏不同项目,从而得到不同的显示效果。

3.选择图层

默认情况下,每个新建的文档都包含一个图层,该图层称为父图层,所有项目都被组织到这个单一的父图层中。

当【图层】面板中的图层或项目包含其他内容时,图层或项目名称的左侧会出现一个"V"形箭头 ✓,单击该箭头 ✓ 可展开或者折叠图层或项目内容;如果没有箭头 ✓,则表明该图层或项目中不包含任何其他内容。

选择图形对象不是通过单击图层来实现的,而是通过单击图层右侧的【定位】图标 ◎（未选中状态）来实现,单击该图标后,图标显示为双环 ◎ 时,表示项目已被选择,如图 9-3 所示。图标为 ◎ 状态,表示项目添加有滤镜效果,如图 9-4 所示。

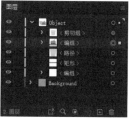

图 9-3　选择图层项目　　　　　　　　图 9-4　带有滤镜效果的图标

4. 锁定图层

在要锁定图层的可编辑列，单击添加锁状图层，即可锁定图层；只需锁定父图层，即可快速锁定其包含的多个路径、组和子图层。

在切换锁定列表中，若显示锁状态图标，则表示项目为锁定状态，内容不可编辑；若显示为空白，则表示项目可编辑，如图9-5所示。

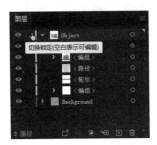 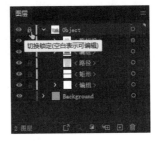

图 9-5　切换锁定状态

5. 创建图层

单击【图层】面板底部的【创建新图层】按钮，即可在所选图层上方新建图层，如图9-6所示。

若要在选择的图层内部创建一个新子图层，则单击【图层】面板底部的【创建新子图层】按钮，即可快速创建一个新的子图层，如图9-7所示。

若要在创建新图层时设置图层选项，可以单击【图层】面板右上方的按钮，在弹出的下拉菜单中选择【新建图层】命令，然后在弹出的【图层选项】对话框中设置更多选项，如图9-8所示。

图 9-6　新建图层　　　　图 9-7　新建子图层　　　　图 9-8　【图层选项】对话框

> **技能拓展**
>
> 　按住【Alt】键单击图层名称，可快速选择图层上所有对象；按住【Alt】键单击眼睛图标，可快速显示或隐藏除选定图层以外所有图层；按住【Ctrl】键单击眼睛图标，可快速为选定图层选择轮廓；按住【Ctrl】和【Alt】键的同时单击眼睛图标，可为所有其他图层选择轮廓；按住【Alt】键单击锁状图标，可快速锁定或解锁所有图标；按住【Alt】键单击扩展三角形按钮，可快速扩展所有子图层来显示整个结构。

9.1.3　管理图层

在【图层】面板中，无论所选图层位于面板中哪个位置，新建图层均会放置在所选图层的上方，当绘制图形对象后，可以通过移动与合并来重新确定对象在图层中的效果。

1.将对象移动到另一图层

绘制后的图形对象在画板中移动,只是改变该对象在画面中的位置,要想改变对象在图层中的位置,则需要在【图层】面板中进行操作,具体操作步骤如下。

步骤 01 选择需要移动的图形对象所在的图层,单击图层右侧的◎图标,使其显示■图标,如图 9-9 所示。

步骤 02 单击并拖动■图标至目标图层中,如图 9-10 所示;拖动后即可将图形对象移动至目标图层中,如图 9-11 所示;如果在拖动鼠标的过程中按住【Alt】键,鼠标指针右下侧会出现一个小加号,此时可复制对象。

图 9-9　选择对象

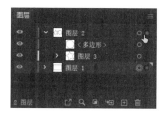
图 9-10　拖动到其他图层

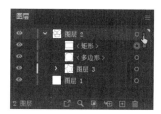
图 9-11　移动到目标图层

> **技能拓展**
>
> 选择对象后,单击【图层】面板中目标图层的名称,执行【对象】→【排列】→【发送至当前图层】命令,可以将对象移动到目标图层中。

2.收集图层

【收集到新图层中】命令会将【图层】面板中选择的图形移动到一个新的图层中。在【图层】面板中选择需要收集的对象,如图 9-12 所示。单击【图层】面板右上方的≡按钮,在弹出的快捷菜单中选择【收集到新图层中】命令,如图 9-13 所示。

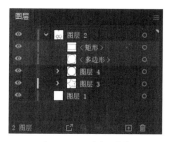
图 9-12　选择对象

图 9-13　收集到新图层中

3.合并所选图层

若要将项目合并到一个图层或组中,单击要合并的图层,或者配合【Shift】键和【Ctrl】键选择多个图层,如图 9-14 所示。在【图层】面板快捷菜单中,选择【合并所选图层】命令,图形将会被合并到最后选定的图层中,并清除空的图层,如图 9-15 所示。

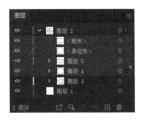

图 9-14　选择对象

图 9-15　合并所选图层

4. 拼合图层

在【图层】面板快捷菜单中，选择【拼合图稿】命令，可以将面板中的所有图层合并为一个图层，具体操作方法如下。

单击面板中的任意图层，单击面板右上方的 按钮，在弹出的快捷菜单中选择【拼合图稿】命令，即可将所有图形对象合并在所选图层中，如图 9-16 所示。

图 9-16　拼合图层

9.2 混合模式和不透明度

选择图形后，可以在【透明度】面板中设置混合模式和不透明度。混合模式决定上下对象之间的混合方式，不透明度决定对象的透明效果。

9.2.1 【透明度】面板

【透明度】面板用于设置对象的混合模式和不透明度，还可以创建不透明度蒙版和挖空效果。

执行【窗口】→【透明度】命令，可以打开【透明度】面板，如图 9-17 所示。【透明度】面板内容详解见表 9-2。

图 9-17　【透明度】面板

表 9-2 【透明度】面板内容详解

选项	功能介绍
❶混合模式	设置对象的混合模式
❷不透明度	设置所选对象的不透明度
❸隔离混合	选中该项后，可以将混合模式与已定位的图层或组进行隔离，以使它们下方的对象不受影响
❹挖空组	选中该项后，可以确保编组对象中的单独对象在相互重叠的地方不能透过彼此而显示
❺不透明度和蒙版用来定义挖空形状	用来创建与对象不透明度成比例的挖空效果

9.2.2 设置对象混合模式

选择对象，如图 9-18 所示。在【透明度】面板左上角的混合模式下拉列表中，可以选择一种混合模式，如图 9-19 所示。所选对象会采用该混合模式与下面的对象混合，效果如图 9-20 所示。Illustrator 提供了 16 种混合模式，每一组中的混合模式都有着相近的用途。

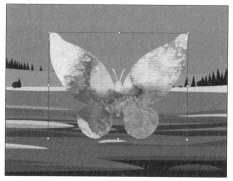  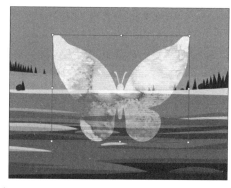

图 9-18　选择对象　　　图 9-19　【透明度】面板　　　图 9-20　混合效果

技能拓展　学习混合模式需要了解以下概念：混合色是选定的对象、组或图层的原始色彩，基色是这些对象的下层颜色，结果色是混合后得到的最终颜色。

9.2.3 设置对象不透明度

默认情况下，对象的不透明度为100%。选择对象，如图9-21所示。在【透明度】面板中设置【不透明度】值，如设置为57%，设置后可以使对象呈现半透明效果，如图9-22所示。

图 9-21　选择对象

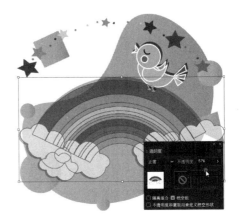

图 9-22　设置不透明度

9.3　剪切蒙版

剪切蒙版是一个可以用形状遮盖其他图稿的对象。因此使用剪切蒙版，只能看到蒙版形状内的区域，从效果上来说，就是将对象裁剪为蒙版的形状。

剪切蒙版和被蒙版的对象统称为剪切组合，以编组的形式显示，如图 9-23 所示。效果如图 9-24 所示。

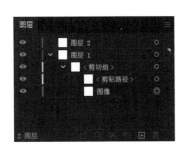

图 9-23　剪切蒙版

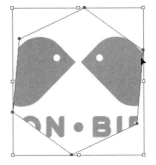

图 9-24　显示效果

9.3.1　为对象添加剪切蒙版

为对象添加剪切蒙版的具体操作步骤如下。

步骤 01　选择用作蒙版的对象，确保蒙版对象位于要遮盖对象的上方，如图 9-25 所示。

步骤 02　在【图层】面板中，单击【建立/释放剪切蒙版】按钮，剪切蒙版效果如图 9-26 所示。

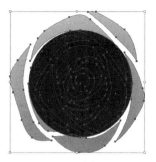

图 9-25　选择图形

图 9-26　剪切蒙版效果

> **技能拓展**
>
> 　　应用剪切蒙版后，用户可以根据个人喜好和画面整体效果自由调整图形的外形和位置。若要取消蒙版效果，执行【对象】→【剪切蒙版】→【释放】命令或按组合键【Alt+Ctrl+7】即可。

9.3.2　为对象添加不透明蒙版

使用不透明蒙版，可以更改底层对象的透明度。蒙版对象定义了透明区域和透明度，可以将任何着色或栅格图像作为蒙版对象。

1. 创建不透明蒙版

创建不透明蒙版的具体操作步骤如下。

步骤 01　创建两个图形对象，其中一个图形对象的填充效果为黑色到白色渐变，如图 9-27 所示。

步骤 02　执行【窗口】→【透明度】命令，或者按组合键【Ctrl+Shift+F10】，弹出【透明度】面板，单击【制作蒙版】按钮，如图 9-28 所示。

步骤 03　通过前面的操作，可得到下方图层的渐隐效果，如图 9-29 所示。

图 9-27　选择图形

图 9-28　制作不透明蒙版

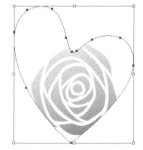

图 9-29　不透明蒙版效果

2. 取消不透明蒙版的链接

默认情况下，将链接被蒙版对象和蒙版对象，此时移动被蒙版对象时，蒙版对象也会随之移动；而移动蒙版对象时，被蒙版对象却不会随之移动。

要想保持蒙版对象不变，单击改变被蒙版对象，再单击【透明度】面板中缩览图之间的链接符号，这时可以独立于蒙版来移动被蒙版对象并调整其大小。

3. 停用和启用不透明蒙版

要停用蒙版，在【图层】面板中定位被蒙版对象，然后按住【Shift】键并单击【透明度】面板中蒙版对象的缩览图，如图 9-30 所示。或从【透明度】面板快捷菜单中选择【停用不透明蒙版】命令，临时显示被蒙版对象。

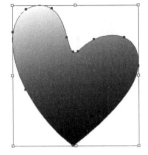

图 9-30　停用不透明蒙版

4. 剪切蒙版

为蒙版指定黑色背景，将被蒙版的对象裁剪到蒙版对象边界。禁用【剪切】复选框可以关闭剪切行为，如图 9-31 所示。要为新的不透明蒙版默认启用【剪切】复选框，需从【透明度】面板快捷菜单中，选择【新建不透明蒙版为剪切蒙版】命令。

5. 反相蒙版

反相蒙版对象的明度值，会反相被蒙版对象的不透明度，如图 9-32 所示。例如，10%透明度区域在蒙版反相时变为 90%的透明度。禁用【反相蒙版】复选框，可将蒙版恢复为原始状态。要默认反相所有蒙版，可从【透明度】面板快捷菜单中选择【新建不透明蒙版为反相蒙版】命令。

图 9-31　剪切蒙版　　　　　　　　图 9-32　反相蒙版

📖 课堂范例——为纸杯添加图案

本案例主要通过图层蒙版为对象添加图案，使图形更加丰富和完整，具体操作步骤如下。

步骤 01　打开"素材文件\第 9 章\食品 .ai"，如图 9-33 所示。选择汉堡对象，按住【Alt】键拖动复制到左侧适当位置，如图 9-34 所示。

步骤 02　选择白色纸杯对象，按组合键【Ctrl+C】复制对象，执行【编辑】→【就地粘贴】命令，就地粘贴对象，如图 9-35 所示。

图 9-33 打开素材

图 9-34 复制汉堡对象

图 9-35 复制纸杯对象

步骤03 使用【选择工具】▶同时选择复制的汉堡和纸杯对象，如图 9-36 所示。右击，在弹出的快捷菜单中，选择【建立剪切蒙版】命令，效果如图 9-37 所示。

步骤04 在【透明度】面板中，设置【不透明度】为 30%，更改不透明度后，效果如图 9-38 所示。

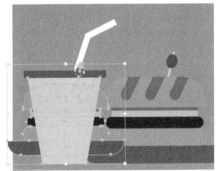

图 9-36 选择对象

图 9-37 创建剪切蒙版效果

图 9-38 最终效果

课堂问答

问题 1：如何单独调整对象的描边或填充的不透明度？

答：每一个描边和填色都能打开对应的【透明度】面板，所以选择对象后，单击【外观】面板中【描边】或【填色】下方的【不透明度】文字，打开对应的【透明度】面板，再拖动【不透明度】滑块，可以分别设置【填充】和【描边】的不透明效果，实际操作中可尝试多次调整观察效果。

问题 2：如何快速创建挖空效果？

答：利用不透明蒙版可以快速创建挖空效果。创建重叠的两个以上的对象并选中，单击【透明度】面板中的【制作蒙版】按钮，创建不透明蒙版，取消选中【剪切】复选框，重叠对象所覆盖的区域被挖空，显示底层的对象。

问题 3：在【图层选项】对话框中，选中【模板】复选框有什么作用？

答：在【图层选项】对话框中，选中【模板】复选框可以创建模板图层，模板图层是锁定的非打印图层，可用于手动描摹图像，起到辅助作用。由于在打印时不显示，所以不影响最终效果。

上机实战——制作花瓣白瓷盘

通过本章的学习，为让读者巩固本章知识点，下面讲解一个技能综合案例，使读者对本章的知识有更深入的了解。效果展示如图 9-39 所示。

图 9-39　显示效果

思路分析

白瓷盘带给人的感觉是白净、清爽。如果给白瓷盘加上花瓣装饰，会带给人更加雅致的视觉感受，下面介绍如何制作花瓣白瓷盘。

本例首先使用【矩形工具】▣和【渐变】▣面板制作背景效果，接下来结合【椭圆工具】◉和混合命令制作白瓷盘外观，最后通过剪切蒙版添加花瓣素材图形，完成整体制作。

制作步骤

步骤 01　按组合键【Ctrl+N】新建一个宽 280mm、高 280mm 的文件，然后选择【矩形工具】▣，绘制一个与页面等大的矩形，将绘制的图形移动到面板中心，如图 9-40 所示。

步骤 02　在【渐变】面板中，设置【类型】为径向渐变，【角度】为 180°，【长宽比】为 100%，渐变色标为橙色（#F6C157）、黄色（#EAE955），渐变填充效果如图 9-41 所示。

步骤 03　选择【椭圆工具】◉，在画板中单击，在弹出的【椭圆】对话框中设置【宽度】和【高度】均为 207mm，绘制圆形，填充深蓝色（#556E7B），如图 9-42 所示。

图 9-40　绘制矩形

图 9-41　渐变填充

图 9-42　绘制圆形

步骤 04　使用【钢笔工具】🖊绘制图形，在【透明度】面板中，设置下方图形的【不透明度】为 0%，效果如图 9-43 所示。

步骤 05　同时选择两个图形，如图 9-44 所示。执行【对象】→【混合】→【建立】命令，创建混合效果，并移动到中间，如图 9-45 所示。

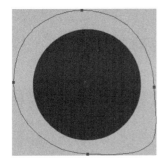

图 9-43　绘制图形

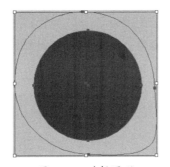

图 9-44　选择图形

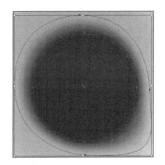

图 9-45　创建混合效果

步骤 06　使用【椭圆工具】⬤绘制正圆（【宽度】和【高度】均为 239mm），移动到面板中间，如图 9-46 所示。

步骤 07　在【渐变】面板中，设置【类型】为径向渐变，【角度】为 180°，【长宽比】为 100%，渐变色标为白、白、蓝（#7C94A0），色标位置和渐变滑块位置如图 9-47 所示。

步骤 08　渐变效果如图 9-48 所示。

图 9-46　绘制图形

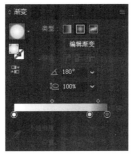

图 9-47　【渐变】面板

图 9-48　填充渐变色

步骤 09　使用【椭圆工具】⬤绘制正圆（【宽度】和【高度】均为 239mm），填充白色，并移动到面板中间，如图 9-49 所示。

步骤 10 　在【图层】面板中，单击【创建新图层】按钮图，新建"图层 2"，如图 9-50 所示。
使用【椭圆工具】◎绘制正圆（【宽度】和【高度】均为 235mm），和大圆形居中对齐，如图 9-51 所示。

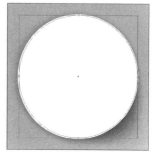

图 9-49 绘制圆形　　　　　　　　图 9-50 【图层】面板　　　　　　　图 9-51 绘制小圆形

步骤 11 　在【渐变】面板中，设置【类型】为径向渐变，【角度】为 180°，【长宽比】为 100%，
渐变色标为浅蓝色（#D2D9DD）到白色，渐变滑块位置如图 9-52 所示。

步骤 12 　渐变填充效果如图 9-53 所示。

步骤 13 　在【图层】面板中，拖动"图层 2"到【创建新图层】按钮图上，复制图层，生成"图
层 2_复制"图层，如图 9-54 所示。

图 9-52 【渐变】面板　　　　　　　图 9-53 渐变填充效果　　　　　　　图 9-54 复制图层

步骤 14 　在【图层】面板中，单击选择"图层 2"，如图 9-55 所示。

步骤 15 　打开"素材文件\第 9 章\花朵 .ai"，将其复制粘贴到当前文件中，移动到适当位置，
如图 9-56 所示。

图 9-55 选择图层　　　　　　　　　　　　　图 9-56 添加素材

步骤 16　在【图层】面板中，单击"图层 2"前方的折叠按钮 ∨，展开项目，如图 9-57 所示。单击"图层 2"中"编组"对象右侧的 ◎ 图标，选择对象；按住【Shift】键，单击"图层 2_复制"右侧的 ◎ 图标，加选对象，如图 9-58 所示。

步骤 17　执行【对象】→【剪切蒙版】→【建立】命令，建立剪切蒙版，效果如图 9-59 所示。

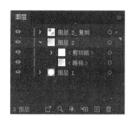

图 9-57　展开图层

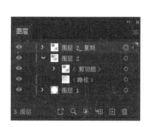

图 9-58　选择对象

图 9-59　剪切蒙版效果

同步训练——制作山水倒影效果

通过上机实战案例的学习，为了增强读者的动手能力，下面安排一个同步训练案例，让读者达到举一反三、触类旁通的学习效果。

图解流程

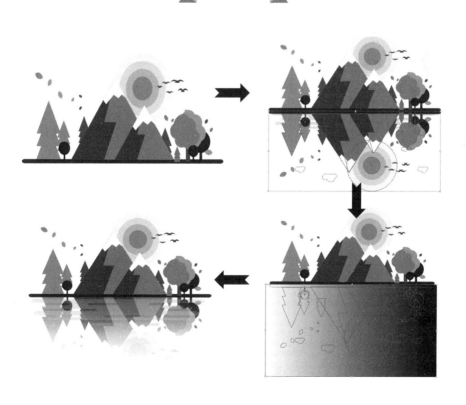

思路分析

制作二维图形时要考虑绘图知识，注意给对象添加投影和倒影。

本例首先使用【选择工具】▶选择图形对象；使用【镜像】命令复制所选对象；使用【矩形工具】■创建蒙版，使用【透明度】命令创建不透明蒙版，使用【渐变工具】■调整效果，完成制作。

关键步骤

步骤 01　打开"素材文件\第 9 章\风景 .ai"文件，使用【选择工具】▶框选所有的山峰、树木对象，按【Ctrl+G】组合键编组对象，如图 9-60 所示。

步骤 02　选择【镜像工具】◁▷，按住【Alt】键单击画板，设置参考点，如图 9-61 所示。

图 9-60　编组所选对象

图 9-61　设置参考点

步骤 03　打开【镜像】对话框，选中【水平】单选按钮，单击【复制】按钮，水平翻转并复制对象，如图 9-62 所示。

步骤 04　使用【矩形工具】■在翻转对象上绘制矩形，并填充黑白渐变，使用【选择工具】▶框选矩形和下方被遮盖的对象，如图 9-63 所示。

图 9-62　翻转并复制对象

图 9-63　选择对象

步骤 05　执行【窗口】→【透明度】命令，打开【透明度】面板，单击【制作蒙版】按钮，创建不透明蒙版，如图 9-64 所示。

步骤 06　单击【透明度】面板中的蒙版缩览图，选择蒙版，如图 9-65 所示。

图 9-64　创建不透明蒙版

图 9-65　选择蒙版

步骤 07　选择【渐变工具】▣，调整渐变角度和效果，从而调整蒙版效果，如图 9-66 所示。

步骤 08　单击【透明度】面板中的对象缩览图退出蒙版编辑状态。右击鼠标，在弹出的快捷菜单中选择【排列】→【置于底层】命令，将所选对象置于底层，如图 9-67 所示。

图 9-66　调整蒙版效果

图 9-67　将所选对象置于底层

步骤 09　使用【选择工具】▶选择倒影对象，按【#】键调整对象位置，使其与实景对象重合，如图 9-68 所示。

步骤 10　选择水波对象，拖动【透明度】面板中的不透明度滑块，降低不透明度，制作半透明效果，如图 9-69 所示。

图 9-68　调整对象位置

图 9-69　设置透明度

📝 知识能力测试

本章讲解了图层、图层混合和蒙版的基本方法，为对知识进行巩固和考核，接下来布置相应的练习题。

一、填空题

1. Illustrator 2022 提供了 16 种混合模式，_____ 中的混合模式都有着相近的用途。

2.【透明度】面板用于设置对象的 _____ 和不透明度，还可以创建不透明度蒙版和挖空效果。

3. 若要将项目合并到一个图层或组中，单击要合并的图层，或者配合 _____ 键和 _____ 键选择多个图层。

二、选择题

1. 要停用蒙版，在【图层】面板中定位被蒙版对象，然后按住（　　　）键并单击【透明度】面板中蒙版对象的缩览图。

A.【Enter】　　　　　　B.【Shift】　　　　　　C.【Tab】　　　　　　D.【Caps Lock】

2. 在【图层】面板中，单击左侧的（　　　）图标可以控制相应图层中图形对象的显示与隐藏，通过单击隐藏不同项目，从而得到不同的显示效果。

A.【切换可视性】　　B.【锁定】　　　　　C.【切换不可视性】　D.【眼睛】

3. 应用剪切蒙版后，若要取消蒙版效果，执行【对象】→【剪切蒙版】→【释放】命令或按组合键（　　　）即可。

A.【Alt+Ctrl+6】　　B.【Alt+Ctrl+7】　　C.【Alt+Ctrl+8】　　D.【Alt+Ctrl+9】

三、简答题

1. 剪切蒙版和不透明蒙版有什么区别？

2. 什么是混合模式，如何应用？

Illustrator 2022

在学习了图层和蒙版编辑后,接下来需要学习图形效果、样式和滤镜的应用方法与技巧,通过这些功能的应用,使读者更加快速地制作出绚丽的图像效果。本章将详细介绍效果应用、外观属性、样式添加和滤镜艺术。

学习目标

- 熟练掌握 3D 艺术效果的创建
- 熟练掌握管理与设置艺术效果
- 熟练掌握艺术化和滤镜效果

10.1 创建3D艺术效果

使用3D命令可以将二维对象转换为三维效果,并且可以通过改变高光方向、阴影、旋转及更多的属性来控制3D对象的外观。

10.1.1 创建立体效果

使用【凸出】命令可以将一个二维对象沿其Z轴拉伸为三维对象,这是通过挤压的方法为路径增加厚度来创建立体对象,具体操作步骤如下。

步骤 01 选择需要创建3D艺术效果的对象,如图10-1所示。

步骤 02 执行【效果】→【3D】→【凸出和斜角】命令,弹出【3D和材质】面板,默认进入【凸出】面板,如图10-2所示。创建的3D艺术效果如图10-3所示。

图 10-1 选择对象

图 10-2 【3D和材质】面板

图 10-3 3D艺术效果

技能拓展

在【3D和材质】面板中,单击【对象】选项,在【3D类型】中单击【平面】按钮█,可以创建扁平的3D对象。

10.1.2 设置凸出效果

在【3D和材质】面板中,选择【对象】中【3D类型】栏的【凸出】选项█,可以通过向路径增加线性深度来创建3D立体效果,其中也可以设置对象凸出深度和端点效果,具体操作步骤如下。

步骤 01 选择需要创建3D艺术效果的对象,如图10-4所示。

步骤 02 设置【深度】为15mm,如图10-5所示。

步骤 03 拖动深度滑块实时观察对象效果,如图10-6所示。

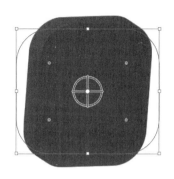

图 10-4 选择对象

图 10-5 设置深度参数

图 10-6 拖动滑块调整

温馨提示

　　深度是用来设置对象沿Z轴挤压的厚度，该值越大，对象的厚度越大。其中，不同厚度参数的同一对象挤压效果不同。

步骤 04　滑动至需要的效果时释放鼠标，对象效果如图 10-7 所示。

步骤 05　单击【关闭端点以建立空心外观】按钮，如图 10-8 所示。效果如图 10-9 所示。

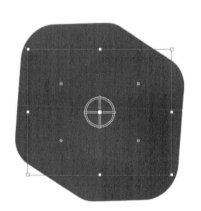

图 10-7 对象效果

图 10-8 单击按钮

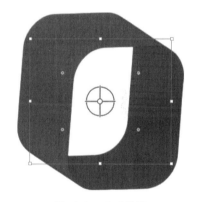

图 10-9 显示效果

技能拓展

　　【端点】指定显示的对象是实心（开启端点以建立实心外观）还是空心（关闭端点以建立空心外观）对象。在对话框中，单击不同功能按钮，其显示效果也不同。

10.1.3 设置斜角

　　在【3D和材质】面板中，选择【对象】中【3D类型】栏的【凸出】选项，单击【将斜角添加到凸出】按钮，如图 10-10 所示。打开【斜角】面板，内容如图 10-11 所示。下面分别进行介绍。

图 10-10　单击【将斜角添加到凸出】按钮

图 10-11　打开【斜角】面板

1. 斜角形状

　　Illustrator 2022 中的【3D 和材质】效果中，预设了 7 种斜角形状，根据需要选择相应效果即可。单击【斜角形状】下拉按钮展开选项，如图 10-12 所示，对象默认效果如图 10-13 所示。选中下拉选项中的【方形轮廓】选项，对象效果如图 10-14 所示。

图 10-12　展开选项

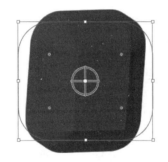

图 10-13　显示效果

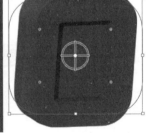

图 10-14　选择选项显示效果

2. 宽度

　　【宽度】设置区可以通过拖动滑块或设置具体参数，调整对象的斜角宽度。如拖动滑块至 21% 的位置，对象斜角效果如图 10-15 所示。如拖动滑块至 80% 的位置，对象斜角效果如图 10-16 所示。

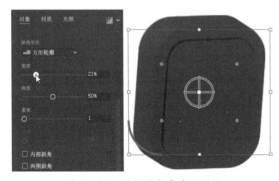

图 10-15　调整斜角宽度效果 1

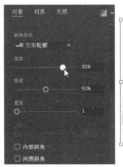

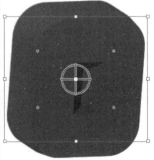

图 10-16　调整斜角宽度效果 2

3. 高度

【高度】设置区可以通过拖动滑块或设置具体参数，调整对象的斜角高度。如拖动滑块至 10% 的位置，对象斜角效果如图 10-17 所示。如拖动滑块至 65% 的位置，对象斜角效果如图 10-18 所示。

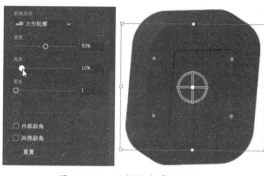
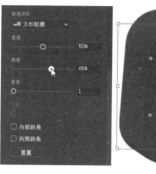
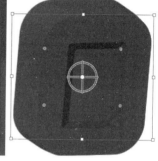

图 10-17　调整斜角高度效果 1　　　　　图 10-18　调整斜角高度效果 2

4. 重复

【重复】设置区可以根据当前设置的宽度和高度，根据设置的数量重复创建相同参数的斜角，如设置【重复】数为 5，效果如图 10-19 所示。

5. 空格

【空格】可以设置【重复】后的多个斜角之间的间隔比例。如设置【空格】为 60%，效果如图 10-20 所示。

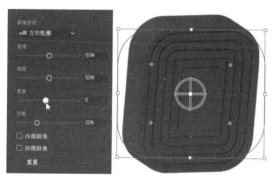
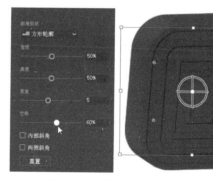

图 10-19　设置重复斜角效果　　　　　图 10-20　设置重复斜角的空格效果

6. 内部斜角

【内部斜角】选项为对象创建内部斜角效果，如图 10-21 所示。

7. 两侧斜角

【两侧斜角】选项为对象创建两侧斜角效果，如图 10-22 所示。

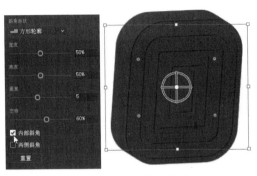

图 10-21　内部斜角效果

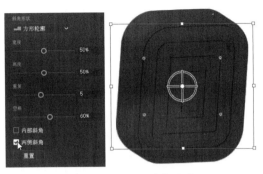

图 10-22　两侧斜角效果

> **技能拓展**
> 在【斜角】面板中，设置相应内容的参数后，如果效果不满意，可以单击下方的【重置】按钮 重置 ，将上方的参数重置到初始数值。

10.1.4　旋转设置

在【3D 类型】的【凸出】面板中，展开【旋转】面板，可以设置立体图形的旋转选项。

在【预设】下拉列表中，可以选择系统预设的角度，也可以自定义旋转角度。直接拖动图标可以直接设置旋转角度，如图 10-23 所示。

在【指定绕 X 轴旋转】■、【指定绕 Y 轴旋转】■和【指定绕 Z 轴旋转】■文本框中可以直接输入数值旋转角度，如图 10-24 所示。

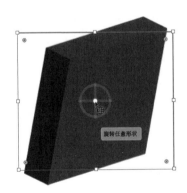

图 10-23　调整旋转角度 1

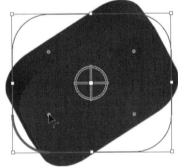

图 10-24　设置旋转角度 2

10.1.5　创建绕转效果

选择图形后，执行【效果】→【3D 和材质】→【凸出和斜角】命令，弹出【3D 和材质】面板，在【3D 类型】面板中单击【绕转】按钮■，可以为图形对象添加立体效果。该命令是围绕全局 Y 轴（绕转轴）绕转一条路径或剖面，使其做圆周运动。由于绕转轴是垂直固定的，因此用于绕转的路径应为所需立体对象面向正前方时垂直剖面的一半，如图 10-25 所示。

图 10-25　创建绕转效果

【绕转】面板如图 10-26 所示，其中各参数内容详解见表 10-1。

表 10-1　【绕转】面板内容详解

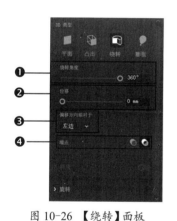

图 10-26　【绕转】面板

选项	功能介绍
❶绕转角度	系统默认的绕转角度为 360°，用来设置对象的环绕角度。如果角度值小于 360°，则对象上会出现断面
❷位移	【位移】选项是在绕转轴与路径之间添加的距离，默认参数值为 0mm，该参数值越大，对象偏离轴中心越远
❸偏移方向相对于	【偏移方向相对于】选项用来指定旋转轴是左边还是右边
❹端点	指定显示的对象是实心◐（开启端点以建立实心外观）还是空心◑（关闭端点以建立空心外观）对象

温馨提示　由于图形对象中的填充与描边是两个属性，所以在使用图形对象进行【绕转】命令时，绕转一个不带描边的填充路径要比绕转一个带描边路径的速度快。

10.1.6 创建膨胀效果

【膨胀】面板是通过向路径增加凸起厚度来创建 3D 立体效果。如膨胀扁平的对象，选择对象后，单击【膨胀】按钮▢，即可创建膨胀效果，如图 10-27 所示。【膨胀】面板内容详解见表 10-2。

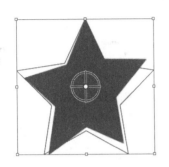
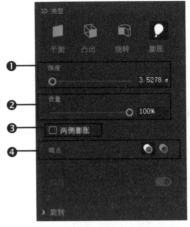
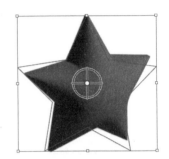

图 10-27　膨胀效果

表 10-2　【膨胀】面板内容详解

选项	功能介绍
❶深度	设置对象的深度，范围为 0~705.5556
❷音量	设置膨胀的幅度，范围为 0%~100%
❸两侧膨胀	设置膨胀方式为两侧膨胀
❹端点	指定对象为实心还是空心

10.1.7　创建材质

"材质"功能是 Illustrator 2022 的新功能，此功能仍处在技术预览阶段。可以使用 Substance 材质为图稿添加纹理，并创建逼真的 3D 图形；也可以添加自己的材质，或从免费的社区和 Adobe 材质中进行选择；还可以利用订阅计划，添加数千个 Adobe Substance 3D 材质。打开【材质】面板的具体操作方法如下。

1.【材质】面板

Illustrator 2022 中的【所有材质】面板，设置有 43 种默认可选的材质球，具体操作步骤如下。

步骤 01　执行【效果】→【3D 和材质】→【凸出和斜角】命令，弹出【3D 和材质】面板，单击【材质】选项，进入【材质】面板。展开【所有材质】面板，【基本材质】栏显示【默认】选项，【属性】栏显示【默认】选项，如图 10-28 所示。

步骤 02　在【基本材质】栏的右侧，上下拖动滑动按钮，查看程序自带的材质选项，如图 10-29 所示。在【属性】栏的右侧，上下拖动滑动按钮，查看程序自带的材质属性选项，如图 10-30 所示。

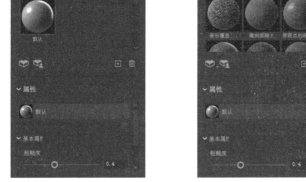

图 10-28　展开【所有材质】面板　　图 10-29　程序自带的材质选项　　图 10-30　程序自带的材质属性选项

2. 创建材质

为对象创建材质并且进行编辑的具体操作步骤如下。

步骤 01　绘制一个星形，执行【效果】→【3D 和材质】→【凸出和斜角】命令，弹出【3D 和材质】面板，在【对象】面板单击【绕转】按钮，设置【旋转】预设为【等角 - 右方】，如图 10-31 所示。

步骤 02　单击【材质】选项，打开【材质】面板，在【基本材质】栏选择【天然栗木】，如图 10-32 所示。对象效果如图 10-33 所示。

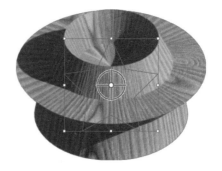

图 10-31　创建 3D 对象　　　图 10-32　选择材质　　　　图 10-33　显示效果

步骤 03　单击【分辨率】下拉按钮，在下拉列表中选择 1024px，如图 10-34 所示。

步骤 04　设置【重复】为 805，如图 10-35 所示。效果如图 10-36 所示。

  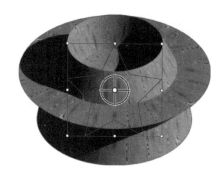

图 10-34　选择分辨率　　图 10-35　设置重复参数　　图 10-36　显示效果

步骤 05　设置参数，如图 10-37 所示，得到效果如图 10-38 所示。

 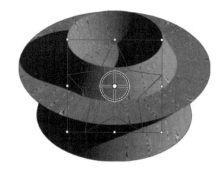

图 10-37　设置参数　　　　　　　　　图 10-38　显示效果

步骤 06　单击【剪切】下拉按钮，在下拉列表中单击【鲜活】选项，如图 10-39 所示。

步骤 07　设置效果如图 10-40 所示。

 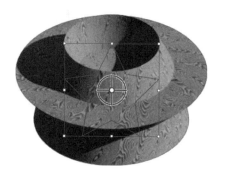

图 10-39　选择【鲜活】选项　　　　　图 10-40　显示效果

步骤 08　在【属性】栏右侧，上下拖动滑动按钮 ，如图 10-41 所示。查看并设置材质属性选项，如图 10-42 所示。设置完成后效果如图 10-43 所示。

图 10-41　拖动滑动按钮

图 10-42　查看属性选项

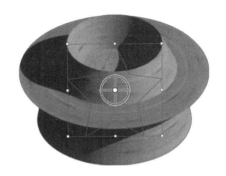

图 10-43　显示效果

3. 导入材质

在 Illustrator 2022 中，也可以从免费的社区和 Adobe 材质中进行选择，添加自己的材质，具体操作步骤如下。

步骤 01　在【材质】面板中，单击【添加新的材质】按钮 ，如图 10-44 所示。

步骤 02　打开【导入材质】对话框，单击选择需要的材质名称，单击【打开】按钮，导入材质，如图 10-45 所示。

图 10-44　单击按钮

图 10-45　打开【导入材质】对话框

10.1.8　设置光照

在 Illustrator 2022 中处理 3D 对象和材质时，可以使用自动 3D 对象阴影处理来节省时间。在修改【3D 和材质】面板中的【光照】选项时，3D 对象的阴影会自动调整以反映对象的形状。在光线追踪模式下工作时会自动调整阴影，具体操作步骤如下。

步骤 01　执行【效果】→【3D和材质】→【凸出和斜角】命令，弹出【3D和材质】面板，单击【光照】选项，进入【光照】面板，如图 10-46 所示。

步骤 02　单击选择对象，预设的【标准】面板呈激活状态，如图 10-47 所示。

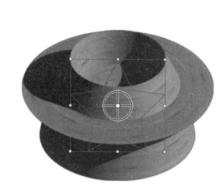

图 10-46　【光照】面板　　　　　　图 10-47　选择对象后的【光照】面板

步骤 03　在【标准】面板中，单击【暗调】后的【添加阴影】按钮【◖◗】，可调整【暗调】效果，单击【位置】下拉按钮，单击【对象下方】选项，如图 10-48 所示。

步骤 04　添加阴影后效果如图 10-49 所示。

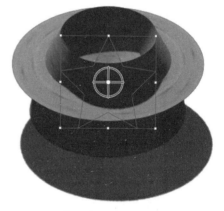

图 10-48　设置位置选项　　　　　　图 10-49　显示效果

步骤 05　单击【扩散】按钮【◉】，展开【扩散】面板，单击【暗调】后的【添加阴影】按钮【◖◗】，设置阴影效果，单击【位置】下拉按钮，单击【对象下方】选项，效果如图 10-50 所示。

步骤 06　单击【左上】按钮【◉】，光照效果如图 10-51 所示。

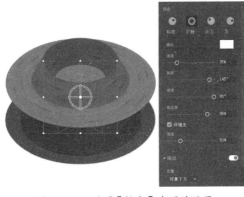

图 10-50　设置【扩散】选项的效果　　　　　图 10-51　单击【左上】按钮

步骤 07　单击【暗调】后的【添加阴影】按钮[●]，单击【位置】下拉按钮，单击【对象下方】选项，如图 10-52 所示。

步骤 08　阴影设置后光照在左上的效果如图 10-53 所示。

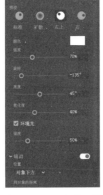
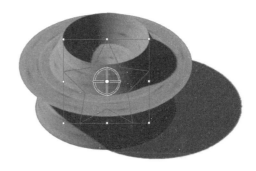

图 10-52　设置阴影　　　　　　　　　图 10-53　显示阴影效果

步骤 09　单击【右】按钮[●]，显示默认设置参数，如图 10-54 所示。

步骤 10　光照为【右】时效果如图 10-55 所示。

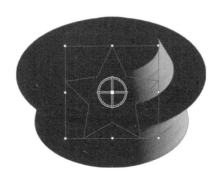

图 10-54　显示【右】选项面板　　　　　图 10-55　显示效果

步骤 11　单击【暗调】后的【添加阴影】按钮 ，单击【位置】下拉按钮，单击【对象下方】选项，如图 10-56 所示。

步骤 12　阴影设置后光照在右的效果如图 10-57 所示。

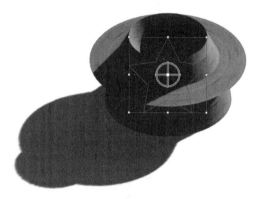

图 10-56　设置阴影　　　　　　　　　　　　　图 10-57　显示效果

步骤 13　单击【标准】按钮 ，单击【使用光线追踪进行渲染】按钮 ，如图 10-58 所示。

步骤 14　程序显示渲染【进度】提示框，如图 10-59 所示。

步骤 15　渲染完成后效果如图 10-60 所示。

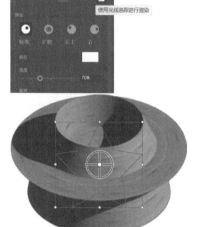

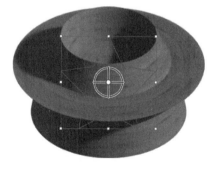

图 10-58　渲染对象　　　　　　　图 10-59　显示进度　　　　　　　图 10-60　显示渲染效果

10.1.9　3D经典

"3D经典" 是 Illustrator 2022 之前版本的一项经典功能，是将二维对象转换为三维效果的方法，同样可以通过改变高光方向、阴影、旋转及更多的属性来控制 3D 对象的外观，具体操作方法如下。

【3D 凸出和斜角选项（经典）】面板

执行【效果】→【3D 和材质】→【3D（经典）】→【凸出和斜角（经典）】命令，弹出【3D 凸出和斜角选项（经典）】面板，如图 10-61 所示。【3D 凸出和斜角选项（经典）】面板内容详解见表 10-3。

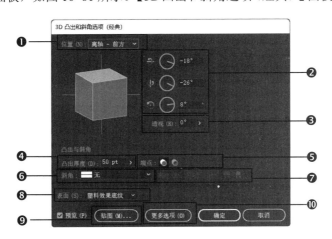

图 10-61 【3D 凸出和斜角选项（经典）】面板

表 10-3 【3D 凸出和斜角选项（经典）】面板内容详解

选项	功能介绍
❶位置	单击后方的下拉按钮，在下拉列表中选取位置预设，可以选择系统预设的角度
❷旋转	自定义旋转角度，直接拖动预览窗口内模拟立方体可以直接设置旋转角度。也可以在【指定绕 X 轴旋转】、【指定绕 Y 轴旋转】和【指定绕 Z 轴旋转】文本框中输入旋转角度
❸透视	在【透视】文本框中输入数值，可以设置对象透视效果，使其对象立体感更加真实。未设置透视效果的立体对象和设置透视效果的立体对象，其效果各不相同
❹凸出厚度	凸出厚度用来设置对象沿 Z 轴挤压的厚度，该值越大，对象的厚度越大，即不同厚度参数的同一对象挤压效果不同
❺端点	端点指定显示的对象是实心（开启端点以建立实心外观）还是空心（关闭端点以建立空心外观）对象。在对话框中，单击不同的功能按钮，其显示效果也不一样
❻斜角	斜角沿对象的深度轴（Z 轴）应用所选类型的斜角边缘。在该下拉列表中选择一个斜角形状，可以为立体对象添加斜角效果。在默认情况下，【斜角】选项为【无】
❼高度	为立体对象添加斜角效果后，可以在【高度】文本框中输入参数，设置斜角的高度。单击【斜角外扩】按钮，可在对象原大小的基础上增加部分像素形成斜角效果；单击【斜角内缩】按钮，则从对象上切除部分斜角
❽表面	在【表面】下拉列表中提供了 4 种不同的表面模式。线框模式显示对象的几何形状轮廓；无底纹模式显示立体的表面属性，但保留立体的外轮廓；扩散底纹模式使对象以一种柔和、扩散的方式反射光；而塑料效果底纹模式会使对象模拟塑料的材质及反射光效果

续表

选项	功能介绍
❾贴图	单击【贴图】按钮，弹出【贴图】对话框，通过该对话框可将符号或指定的符号添加到立体对象的表面
❿更多选项	单击【更多选项】按钮会展开【表面】选项组，在默认情况下只有一个光源，如图 10-62 所示。单击选择光源，拖动鼠标可以调整光源位置，如图 10-63 所示。单击预览框下【新建光源】按钮 ⊡，可添加一个新光源，如图 10-64 所示。单击【将所选光源移到对象后面】按钮 ↴，可切换光源在物体下的前后位置，如图 10-65 所示。单击【删除光源】按钮 🗑，可以删除当前所选光源

图 10-62 显示光源

图 10-63 移动光源

图 10-64 新建光源

图 10-65 调整光源

📖 课堂范例——制作台灯模型

通过制作台灯模型，熟悉 Illustrator 2022 中 3D 模型的创建、材质的添加、光照的应用，具体操作步骤如下。

步骤01 选择工具箱中的【多边形工具】◉，在画板中单击，在弹出的【多边形】对话框中，设置【半径】为 35mm，【边数】为 3，单击【确定】按钮绘制三角形，填充颜色为黄色（#F7E00D），如图 10-66 所示。

步骤02 执行【效果】→【3D 和材质】→【绕转】命令，弹出【3D 和材质】对话框，在预览框中拖动鼠标调整角度，设置旋转轴位于右边，单击【确定】按钮，得到 3D 效果，如图 10-67 所示。

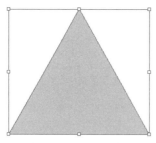
图 10-66 绘制三角形

图 10-67 灯台 3D 效果

步骤03 使用工具箱中的【钢笔工具】✏ 绘制路径，如图 10-68 所示。

步骤04 设置描边颜色为深黄色（#7C6E08），执行【效果】→【3D 绕转选项】→【绕转】命令，弹出【3D 和材质】对话框，使用默认参数，单击【确定】按钮，效果如图 10-69 所示。

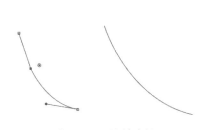

图 10-68　绘制路径

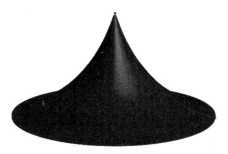

图 10-69　底座 3D 效果

步骤 05　拖动右上角的控制点放大图形，移动到适当位置，效果如图 10-70 所示。选择工具箱中的【椭圆工具】，拖动绘制图形，如图 10-71 所示。

步骤 06　对绘制的图形填充深黄色（#786C2A），如图 10-72 所示。

图 10-70　放大图形　　　　　　图 10-71　绘制图形　　　　　　图 10-72　填充颜色

温馨
提示

【置入】命令是将外部文件添加到当前图像编辑窗口中，不会单独出现窗口；而【打开】命令所打开的文件则会单独位于一个独立的窗口中。

10.2 管理与设置艺术效果

在制图过程中可以更加快速地为图形添加艺术效果，本节将介绍外观、样式与效果的应用方法和技巧，其中包括【外观】面板的相关设置和操作过程。

10.2.1　【外观】面板

外观属性是一组在不改变对象形状的前提下影响对象外观的属性。外观属性包括填色、描边、透明度和效果。

在画板中绘制图形对象后，【外观】面板会自动显示该图形对象的基本属性，比如填色、描边、不透明度等，执行【窗口】→【外观】命令或按组合键【Shift+F6】，弹出【外观】面板，如图 10-73 所示。【外观】面板内容详解见表 10-4。

表 10-4 【外观】面板内容详解

选项	功能介绍
❶添加新描边▣	单击该按钮可为对象添加描边属性
❷添加新填色▣	单击该按钮可为对象添加填色属性
❸添加新效果fx.	单击该按钮会弹出效果选项
❹清除外观◎	单击该按钮可以清除选择对象的所有属性
❺复制所选项目▣	单击该按钮可复制所选属性
❻删除所选项目▣	单击该按钮可删除该属性

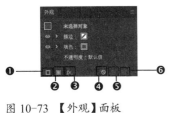

图 10-73 【外观】面板

10.2.2 编辑外观属性

【外观】面板除了显示基本属性外，为图形对象添加的效果滤镜同样显示在该面板中，在面板中不仅能够重新设置所有属性的参数，还可以复制该属性至其他对象中，或者隐藏某属性，使对象显示不同的效果。

1. 重新设置对象属性

图形对象绘制完成后，可以在属性栏中更改对象的填色与描边属性，还可以通过【外观】面板重新设置。

选择需要重新设置属性的图形对象，如图 10-74 所示。执行【窗口】→【外观】命令，打开【外观】面板，单击【描边】右侧的下拉按钮，设置描边粗细为 1pt，如图 10-75 所示。通过前面的操作，为对象重新设置描边效果，如图 10-76 所示。

图 10-74 选择图形

图 10-75 【外观】面板

图 10-76 描边效果

2. 复制属性

在【外观】面板中选择某属性，并将其拖至面板底部的【复制所选项目】按钮▣上，即可复制该项属性。

当面板中存在两个不同属性的图形对象时，选择其中一个，如图 10-77 所示。在【外观】面板中单击并拖动缩览图至另外一个对象中，如图 10-78 所示，即可将该对象属性复制到其他对象中，如图 10-79 所示。

图 10-77　选择图形　　　　图 10-78　拖动缩览图　　　图 10-79　快速复制属性

3. 隐藏属性

一个对象不仅能够包含多个填色与描边属性，还可以包含多个效果。当【外观】面板中存在多个属性时，可以通过单击属性左侧的【单击以切换可视性】图标，隐藏显示在下方的属性。

10.2.3　图形样式的应用

图形样式是一组可以反复使用的外观属性，用户可以快速将图形样式应用于对象、组和图层。

1.【图形样式】面板

使用【图形样式】面板可以创建、命名和应用外观属性集。执行【窗口】→【图形样式】命令或按组合键【Shift+F5】，将弹出【图形样式】面板，在面板中会列出一组默认的图形样式，如图 10-80 所示。单击面板右上方的▤按钮，会弹出快捷菜单，如图 10-81 所示。

图 10-80　【图形样式】面板　　　　　图 10-81　【图形样式】面板快捷菜单

单击【图形样式】面板顶部的【图形样式库菜单】按钮▤，能够弹出一个样式命令面板，选择任何一个命令，均能够打开相应的样式面板，如图 10-82 所示。

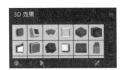

图 10-82　其他样式面板

2.【图形样式】面板的使用

用户可以将图形样式应用于对象、组和图层，将图形样式应用于组或图层时，组和图层内的所有对象都将具有样式的属性，具体操作方法如下。

选择要应用图形样式的对象，单击面板中的某个样式缩览图即可，如图 10-83 所示。

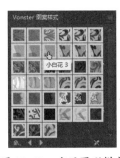

图 10-83　应用图形样式

3. 创建图形样式

在【图形样式】面板中除了预设的类型样式外，还可以将现有对象中的效果存储为图形样式，以方便以后的应用，具体操作方法如下。

选择需要创建图形样式的对象，单击【图形样式】面板底部的【新建图形样式】按钮，或将对象直接拖动至【图形样式】面板中，均能够创建图形样式，如图 10-84 所示。

图 10-84　创建图形样式

温馨
提示 没有选择任何对象时，或者在空白文档中，单击【图形样式】面板底部的【新建图形样式】按钮回，将会按
照工具箱中的【填充】和【描边】设置来创建图形样式。

10.3 艺术化和滤镜效果

在 Illustrator 中，可以为图形对象添加各种艺术效果，还可以为图形对象设置各种风格化效果，
从而为矢量图形赋予位图中的各种效果。

10.3.1 使用效果改变对象形状

在【效果】菜单中，上半部分的效果是矢量效果，下半部分的效果是位图效果，但是部分效果
命令可同时应用于矢量和位图格式图片。

【效果】菜单中的【变形】和【扭曲和变换】命令，与编辑图形对象章节中的变形与变换效果相似，
但是前者是通过改变图形形状创建效果，后者则是在不改变图形基本形状的基础上进行变换。

1.【变形】命令

【变形】命令将扭曲或变形对象，应用范围包括路径、文本、网格、混合及位图图像。执行【效
果】→【变形】命令，将弹出【变形】对话框，在对话框中选择需要的预设效果即可，完成设置后，
单击【确定】按钮即可为对象添加变形效果。

2.【扭曲和变换】命令

使用【扭曲和变换】菜单中的命令可以快速改变矢量对象的形状，如扭拧、收缩和膨胀、波纹
效果，如图 10-85 所示。它们与使用液化工具组中的工具编辑对象得到的效果相似，但前者是在不
改变图形对象路径的基础上进行变形的。

图 10-85 扭拧、收缩和膨胀、波纹效果

3. 转换为形状

执行【效果】→【转换为形状】命令，在打开的子菜单中选择相应命令，可以将矢量对象的形状转换为矩形、圆角矩形或椭圆，如图 10-86 所示。

图 10-86　转换为形状效果

10.3.2　风格化效果

使用【风格化】子菜单中的命令，可以为对象添加箭头、投影、圆角、羽化边缘、发光及涂抹风格的外观，如图 10-87 所示。

图 10-87　风格化效果

📚 课堂范例——为小魔女添加背景底图

本案例主要为对象添加底图，创建更具个人风格的艺术效果，具体操作步骤如下。

步骤 01　打开"素材文件\第 10 章\小魔女.ai"，如图 10-88 所示。

步骤 02　选择工具箱中的【矩形工具】■，在画板中单击，在弹出的【矩形】对话框中，设置【宽度】为 80mm，【高度】为 70mm，然后为绘制的矩形填充蓝色（#11F2F2），如图 10-89 所示。

步骤 03　执行【对象】→【排列】→【置于底层】命令，移动底图到适当位置，如图 10-90 所示。

步骤 04　执行【效果】→【风格化】→【圆角】命令，设置【半径】为 30mm，单击【确定】按钮，圆角效果如图 10-91 所示。

步骤 05　执行【效果】→【风格化】→【内发光】命令，在弹出的【内发光】对话框中，设置【模式】为滤色，发光颜色为黄色（#EFEF11），【不透明度】为 75%，【模糊】为 10mm，选中【中心】

单选按钮，单击【确定】按钮，如图 10-92 所示。内发光效果如图 10-93 所示。

图 10-88 打开素材

图 10-89 绘制矩形并填充

图 10-90 调整层次和位置

图 10-91 圆角效果

图 10-92 【内发光】对话框

图 10-93 内发光效果

步骤 06   执行【效果】→【风格化】→【涂抹】命令，在弹出的【涂抹选项】对话框中使用默认
参数，直接单击【确定】按钮，得到涂抹效果，如图 10-94 所示。

步骤 07   通过前面的操作，执行【效果】→【风格化】→【投影】命令，在弹出的【投影】对话
框中，设置【模式】为正片叠底，【X 位移】和【Y 位移】均为 2.469mm，【模糊】为 1.764mm，投影
颜色为黄色，单击【确定】按钮，如图 10-95 所示。

步骤 08   投影效果如图 10-96 所示。

图 10-94 涂抹效果

图 10-95 【投影】对话框

图 10-96 投影效果

10.3.3 滤镜效果应用

在【效果】菜单下半部分，包括多种滤镜菜单命令，可以应用于位图和矢量图形，下面将介绍一些常用的滤镜效果。

1. 【像素化】滤镜组

执行【效果】→【像素化】命令，在打开的子菜单中选择相应的命令即可，【像素化】滤镜组中的滤镜通过使单元格中颜色值相近的像素结成块来清晰地定义一个选区，从而组成不同的图像效果，包括【彩色半调】【晶格化】【点状化】【铜版雕刻】命令。

2. 【扭曲】滤镜组

执行【效果】→【扭曲】命令，在打开的子菜单中选择相应的命令即可，【扭曲】滤镜组中的滤镜命令可以将图像进行几何扭曲，包括【扩散亮光】【玻璃】【海洋波纹】命令。

3. 【模糊】滤镜组

执行【效果】→【模糊】命令，在打开的子菜单中选择相应的命令即可，【模糊】滤镜组中的滤镜命令可以柔化选区或整个图像，对于图像修饰非常有用，包括【径向模糊】【特殊模糊】【高斯模糊】命令。

4. 【画笔描边】滤镜组

执行【效果】→【画笔描边】命令，在打开的子菜单中选择相应的命令即可，【画笔描边】滤镜组使用不同的画笔和油墨描边效果创造出绘画效果的外观，包括【成角的线条】【墨水轮廓】【喷溅】等滤镜命令。

5. 【素描】滤镜组

执行【效果】→【素描】命令，在打开的子菜单中选择相应的命令即可，【素描】滤镜组可以将图像转换为绘画效果，使图像看起来像是用钢笔或木炭绘制的。适当设置钢笔的粗细或前景色、背景色，可以得到更真实的效果。该滤镜组中的滤镜都是用前景色代表暗部，背景色代表亮部。因此颜色的设置会直接影响到滤镜的效果。

6. 【纹理】滤镜组

执行【效果】→【纹理】命令，在打开的子菜单中选择相应的命令即可，【纹理】滤镜组可以为图像添加特殊的纹理质感，包括【龟裂缝】【颗粒】【马赛克拼贴】【拼缀图】【染色玻璃】【纹理化】6 个滤镜命令。

7. 【艺术效果】滤镜组

执行【效果】→【艺术效果】命令，在打开的子菜单中选择相应的命令即可，使用【艺术效果】滤镜组中的命令，可以使一幅普通的图像具有艺术风格的效果且绘画形式多样，包括油画、水彩画、铅笔画、粉笔画、水粉画等不同的艺术效果。

8.【视频】滤镜组

执行【效果】→【视频】命令，在打开的子菜单中选择相应的命令即可，【视频】滤镜组中的滤镜命令主要用于控制视频输入或输出，它们主要用于处理从摄像机输出图像或将图像输出到录像带上，包括【NTSC颜色】和【逐行】两个滤镜命令。

9.【风格化】滤镜组

【风格化】滤镜组中包括【照亮边缘】命令。执行【滤镜】→【照亮边缘】命令，可以描绘颜色的边缘，并向其添加类似霓虹灯照的边缘光亮。此滤镜可多次使用，以加强边缘光亮效果。

课堂范例——制作温馨图像效果

本例主要通过【效果】中的各种预设效果制作温馨的艺术图像效果，具体操作步骤如下。

步骤 01　打开"素材文件\第 10 章\花环 .jpg"，使用【选择工具】选择花环图像，如图 10-97 所示。

步骤 02　执行【效果】→【扭曲】→【扩散亮光】命令，打开【扩散亮光】对话框，在右侧设置【粒度】为 8，【发光量】为 2，【清除数量】为 18，单击【确定】按钮，如图 10-98 所示。

图 10-97　打开素材

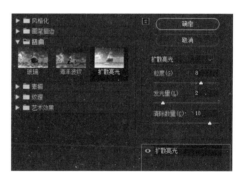

图 10-98　设置扩散亮光参数值

步骤 03　通过前面的操作，得到扩散亮光效果，如图 10-99 所示。

步骤 04　执行【效果】→【模糊】→【径向模糊】命令，在【径向模糊】对话框中，设置【数量】为 10，【模糊方法】为缩放，拖动右侧的中心模糊到左上位置，单击【确定】按钮，如图 10-100 所示。

图 10-99　扩散亮光效果

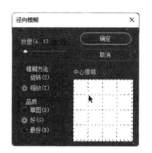

图 10-100　【径向模糊】对话框

步骤 05 通过前面的操作，得到径向模糊效果，如图 10-101 所示。选择工具箱中的【光晕工具】，从左上往右下拖动鼠标创建光晕，最终效果如图 10-102 所示。

图 10-101　径向模糊效果

图 10-102　光晕效果

课堂问答

问题 1：如何改善效果性能？

答：使用【效果】命令时，有些效果会占用非常大的内存，导致计算机运行变慢。此时，可以利用以下的方法改善效果性能。

（1）在【效果】对话框中选择【预览】选项，以节省时间并防止出现意外的结果。

（2）更改设置。有些命令极耗内存，如【玻璃】命令。请尝试不同的设置以提高速度。

（3）如果在灰度打印机上打印图像，最好在应用效果之前先将位图图像的一个副本转换为灰度图像。

问题 2：通过【样式】面板添加样式时，可以预览效果吗？

答：当画板中没有任何对象，或者没有选择任何对象时，右击样式缩览图，缩览图将会放大以矩形形状显示。如果是选择某个对象后右击样式缩览图，那么会以该对象的形状显示放大后的效果，如图 10-103 所示。

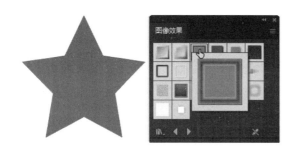
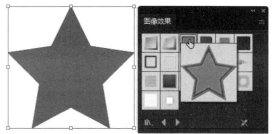

图 10-103　【图像效果】样式面板预览效果

问题 3：使用【变形】命令和执行【对象】→【封套扭曲】→【用变形建立】命令创建的变形效果有什么区别？

答：使用【变形】命令和执行【对象】→【封套扭曲】→【用变形建立】命令创建的变形效果相同，使用【变形】命令得到的图形对象虽然外形发生了变化，但是路径并没有任何变化。使用【变形】命令创建的变形效果如图 10-104 所示。执行【对象】→【封套扭曲】→【用变形建立】命令创建的变形效果如图 10-105 所示。

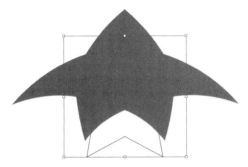

图 10-104　使用【变形】命令

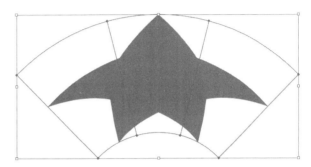

图 10-105　使用【用变形建立】命令

📷 上机实战——制作书籍立体效果

在通过本章的学习后，为让读者巩固本章知识点，下面讲解一个技能综合案例，使读者对本章的知识有更深入的了解。效果展示如图 10-106 所示。

效果展示

图 10-106　显示效果

思路分析

制作书籍包装设计时，制作出立体效果图，可以观察书籍成品的真实效果，下面介绍如何制作书籍立体效果。

本例首先使用书籍正面和侧面图形制作符号，接下来使用【矩形工具】绘制书籍外形，通过【凸出和斜角】命令制作立体模型并贴图，最后添加外发光和投影效果，完成整体制作。

制作步骤

步骤 01 打开"素材文件\第 10 章\书籍正面和侧面 .ai"，使用【选择工具】▶选择正面图形，如图 10-107 所示。

步骤 02 执行【窗口】→【符号】命令，打开【符号】面板，单击【新建符号】按钮回，如图 10-108 所示。

步骤 03 在弹出的【符号选项】对话框中，设置【名称】为正面，单击【确定】按钮，如图 10-109 所示。

图 10-107　选择正面图形

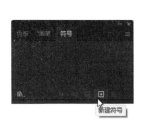
图 10-108　【符号】面板

图 10-109　【符号选项】对话框

步骤 04 通过前面的操作，创建"正面"符号，如图 10-110 所示。选择"侧面"图形，使用相同的方法，创建"侧面"符号，如图 10-111 所示。

步骤 05 选择工具箱中的【矩形工具】■，创建和正面相同大小的矩形，填充灰色，如图 10-112 所示。

图 10-110　"正面"符号

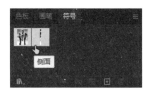
图 10-111　"侧面"符号

图 10-112　绘制矩形

步骤 06 执行【效果】→【3D 和材质】→【3D（经典）】→【凸出和斜角（经典）】命令，弹出【3D 凸出和斜角选项（经典）】面板，使用默认参数设置，单击【贴图】按钮，在弹出的【贴图】对话框中，设置【符号】为正面，如图 10-113 所示。

步骤 07 在面板中预览正面贴图效果，如图 10-114 所示。

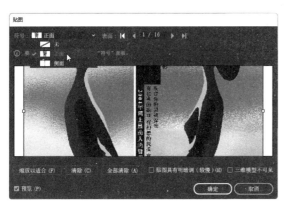

图 10-113 【贴图】对话框

图 10-114 正面贴图效果

步骤 08 继续在【贴图】对话框中，设置【表面】为 5/6，选择第 5 个表面，如图 10-115 所示。

步骤 09 旋转侧面的角度并调整大小，单击【确定】按钮，如图 10-116 所示。

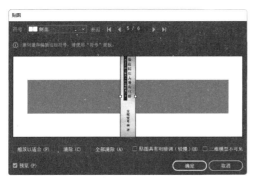

图 10-115 选择侧面并贴图

图 10-116 调整侧面角度和大小

步骤 10 返回【3D 凸出和斜角选项（经典）】面板中，单击【确定】按钮，得到侧面贴图效果，如图 10-117 所示。

步骤 11 执行【效果】→【风格化】→【外发光】命令，在【外发光】对话框中，设置发光颜色为深蓝色（#1F0B70），单击【确定】按钮，外发光效果如图 10-118 所示。

图 10-117 侧面贴图效果

图 10-118 外发光效果

步骤 12 执行【效果】→【风格化】→【投影】命令，在【投影】对话框中，设置【不透明度】

为 30%，【X 位移】和【Y 位移】均为 5mm，【模糊】为 5mm，单击【确定】按钮，如图 10-119 所示。投影效果如图 10-120 所示。

图 10-119　【投影】对话框

图 10-120　投影效果

🌐 **同步训练——制作发光的灯泡**

　　在通过上机实战案例的学习后，为了增强读者的动手能力，下面安排一个同步训练案例，让读者达到举一反三、触类旁通的学习效果。

图解流程

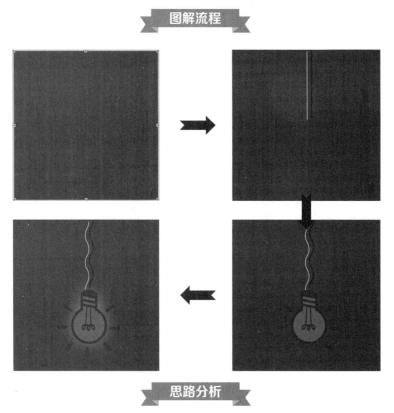

思路分析

　　灯泡不仅可以照明，还能对家居起到很好的装饰作用，在 Illustrator 2022 中制作发光灯泡的具体操作方法如下。

本例首先使用【矩形工具】□绘制底图，使用【直线段工具】✓绘制灯泡的吊绳，接下来添加灯光素材，并通过【外发光】命令制作灯泡的发光效果，完成制作。

关键步骤

步骤 01 按组合键【Ctrl+N】，新建一个宽和高均为 800mm 的文件。再绘制一个宽和高均为 800mm 的矩形，填充浅红色（#7C0808），如图 10-121 所示。

步骤 02 选择工具箱中的【直线段工具】✓，绘制两条直线，设置颜色分别为白色和黑色，描边粗细分别为 1mm 和 2mm，如图 10-122 所示。

图 10-121 绘制矩形对象

图 10-122 绘制直线

步骤 03 执行【效果】→【扭曲和变换】→【波纹效果】命令，弹出【波纹效果】对话框，设置【大小】为 10mm，【点】为平滑，单击【确定】按钮，如图 10-123 所示。得到波纹扭曲效果，如图 10-124 所示。

图 10-123 【波纹效果】对话框

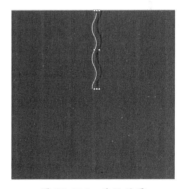

图 10-124 波纹效果

步骤 04 打开"素材文件\第 10 章\灯泡 .ai"，将其复制粘贴到当前文件中，移动到适当位置，如图 10-125 所示。

步骤 05 使用【选择工具】▶选择红色灯泡体，执行【效果】→【风格化】→【外发光】命令，在【外发光】对话框中，设置【模式】为滤色，发光颜色为黄色，【不透明度】为 100%，【模糊】为 50mm，单击【确定】按钮，外发光效果如图 10-126 所示。

图 10-125　粘贴素材

图 10-126　外发光效果

知识能力测试

本章讲解了效果、样式和滤镜应用的基本方法，为对知识进行巩固和考核，接下来布置相应的练习题。

一、填空题

1. 使用 3D 命令可以将二维对象转换为三维效果，并且可以通过改变_____、_____、_____及更多的属性来控制 3D 对象的外观。

2.【凸出】命令可以将一个二维对象沿_____将其拉伸为三维对象，这是通过挤压的方法为路径增加厚度来创建立体对象。

3. 在【效果】菜单中，上半部分的效果是_____，下半部分的效果为_____，但是部分效果命令可同时应用于矢量和位图格式图片。

二、选择题

1. 图形样式是一组可以反复使用的外观属性，用户可以快速将（　　　）应用于对象、组和图层。

A. 滤镜效果　　　　　　B. 图形样式　　　　　　C. 变形　　　　　　D. 扭曲

2. 图形对象绘制完成后，可以在属性栏中更改对象的填色与描边属性，还可以通过（　　　）面板重新设置。

A.【颜色】　　　　　　B.【填色】　　　　　　C.【外观】　　　　　　D.【描边】

3.【外观】面板除了显示基本属性外，为图形对象添加的效果滤镜同样显示在该面板中，比如（　　　）。

A. 复制属性　　　　　　B. 转换为形状　　　　　　C. 风格化　　　　　　D. 创建立体效果

三、简答题

1.【凸出】命令通过什么方式创建立体效果？

2. 如何创建绕转效果？

Illustrator 2022

第11章
符号和图表的应用

    学会效果和滤镜应用后，下一步需要学习符号和图表的应用方法与技巧。本章将详细介绍符号和图表的创建与编辑。使用符号图形对象进行重复调用，可以减少文件所占的体积。在Illustrator 2022 中，可以创建 9 种不同类型的图表，并能够对创建图表的数据、类型、样式及符号进行修改。

学习目标

- 熟练掌握符号的应用
- 熟练掌握图表的应用

11.1 符号的应用

符号是在文档中可重复使用的对象，下面主要介绍符号的各种相关知识，以及与符号相关的各种工具的应用方法和技巧。

11.1.1 了解【符号】面板

通过【符号】面板，绘制多个重复图形将会变得非常简单，在【符号】面板中包括大量的符号，还可以自己创建符号和编辑符号，执行【窗口】→【符号】命令，可以打开【符号】面板，如图 11-1 所示。单击面板右上方的 ≡ 按钮，可以打开面板快捷菜单，如图 11-2 所示。

图 11-1 【符号】面板

图 11-2 【符号】面板快捷菜单

单击面板底部的【符号库菜单】按钮 ⏷，或者选择面板快捷菜单中的【打开符号库】命令，选择其中的命令即可打开各种预设的【符号】面板，如图 11-3 所示。

图 11-3 其他预设符号面板

在【符号】面板中，可以实际更改符号的显示，也可以进行复制符号和重命名符号的操作。在面板中包含多种预设符号，可以从符号库或创建的库中添加符号。

1. 更改面板中符号的显示

符号的显示可以通过在面板快捷菜单中选择视图选项来调整。例如，选择【缩览图视图】命令显示缩览图，选择【小列表视图】命令显示带有小缩览图命名符号的列表，选择【大列表视图】命令显示带有大缩览图命名符号的列表。

2. 复制面板中的符号

通过复制【符号】面板中的符号，可以很轻松地基于现有符号创建新符号，共有两种复制方法。

方法一：在【符号】面板中选择一个符号，并从面板快捷菜单中选择【复制符号】命令。

方法二：在【符号】面板中，直接将需要复制的按钮拖动到【复制符号】按钮上进行复制。

3. 重命名符号

重命名符号方便以后编辑符号，可以在【符号】面板中单击【符号选项】按钮■，从而打开【符号选项】对话框，然后输入名称来实现重命名。

11.1.2　在绘图面板中创建符号实例

Illustrator 2022 新增了更多实用功能，包括简化路径、自动拼写检查、自由渐变等，以及其他更多改进，用户体验效果更佳。下面介绍一些常用的新增功能。

在【符号】面板中单击并拖动符号缩览图至画板中，即可将该符号创建为一个符号实例，如图 11-4 所示。

图 11-4　创建符号实例

11.1.3　编辑符号实例

在画板中应用符号后，还可以按照操作其他对象的相同方式，对符号实例进行简单的操作，并且还能够使符号实例与符号脱离，形成普通的图形对象。

1. 修改符号实例

在画板中创建符号后，可以对其进行移动、缩放、旋转或倾斜等操作，像普通图形一样操作即可。

温馨提示　无论是缩放还是复制符号实例，并不会改变原始符号本身，只是改变符号实例在画板中的显示效果。

2. 断开符号链接

在画板中创建的符号实例，均与【符号】面板中的符号相互链接，如果修改符号的形状或颜色，画板中的符号实例同时也会发生变化。

如果用户想单独编辑符号实例，或者与【符号】面板中的符号断开链接，可以选择面板中的符号实例，单击【符号】面板底部的【断开符号链接】按钮 ，即可将符号实例转换为普通图形，如图 11-5 所示。

图 11-5　断开符号链接效果

温馨
提示　选择符号实例后，单击属性栏中的【断开链接】按钮，或者执行【对象】→【扩展】命令，也能够断开符号链接。

3. 替换符号链接

当在画板中创建并编辑符号实例后，又想更换实例中的符号，可以选择符号实例，如图 11-6 所示。单击属性栏中的【符号】右侧的下三角按钮，在打开的下拉列表框中选择其他符号，如气球 2，如图 11-7 所示。通过前面的操作，替换实例中的符号，如图 11-8 所示。

图 11-6　选择符号实例　　　图 11-7　选择其他符号　　　图 11-8　替换符号实例效果

11.1.4　符号工具的应用

在面板中创建符号实例后，可以使用【选择工具】 进行简单的编辑，但是为了更精确地编辑符号实例，可以使用符号工具组中的工具进行实例编辑，如对符号实例进行创建、位移、旋转、着色等操作。

1. 符号喷枪工具

使用【符号喷枪工具】 在绘图面板中拖动可以创建符号组。双击【符号喷枪工具】 ，弹出【符号工具选项】对话框，如图 11-9 所示。【符号工具选项】对话框内容详解见表 11-1。

表 11-1 【符号工具选项】对话框内容详解

图 11-9 【符号工具选项】对话框

选项	功能介绍
❶直径	指定工具的画笔大小
❷强度	指定更改的速率，值越大，更改越快
❸符号组密度	指定符号组的吸引值（值越大，符号实例堆积密度越大），此设置应用于整个符号集
❹方法	指定【符号移位器工具】【符号紧缩器工具】【符号缩放器工具】【符号旋转器工具】【符号着色器工具】【符号滤色器工具】【符号样式器工具】调整符号实例的方式
❺显示画笔大小和强度	启用该复选项，使用工具时将显示画笔大小

> **温馨提示**
> 使用【符号喷枪工具】创建的都是大小、方向相同的符号，可以通过不同的符号编辑工具来调整符号以达到所需的效果。在【符号工具选项】对话框中，单击不同的工具按钮，即可更改符号的大小、方向、颜色等。

2. 符号移位器工具

首先使用【选择工具】选择符号组，接着使用【符号移位器工具】在符号组上拖动可以调整已选择符号的位置，调整选项可以调整所要更改符号的范围，如图 11-10 所示。

3. 符号紧缩器工具

首先使用【选择工具】选择符号组，接着使用【符号紧缩器工具】在符号组上单击或拖动可以改变要紧缩符号的范围，如图 11-11 所示。

4. 符号缩放器工具

首先使用【选择工具】选择符号组，接着使用【符号缩放器工具】在符号组上单击或拖动可以改变符号的大小，调整选项可以调整要缩放符号的范围，如图 11-12 所示。

图 11-10 移动符号组

图 11-11 紧缩符号组

图 11-12 缩放符号组

5. 符号旋转器工具

首先使用【选择工具】▷选择符号组，接着使用【符号旋转器工具】◉在符号组上拖动可以改变符号的方向，通过调整选项的数值可以调整所要改变符号的范围，如图 11-13 所示。

6. 符号着色器工具

首先使用【选择工具】▷选择符号组，接着使用【符号着色器工具】◉在符号组上单击或拖动可以改变符号的颜色，同时配合【填色】图标，通过改变选项可以调整着色符号的范围，如图 11-14 所示。

7. 符号滤色器工具

首先使用【选择工具】▷选择符号组，接着使用【符号滤色器工具】◉在符号组上单击或拖动可以改变符号的透明度，如图 11-15 所示。

图 11-13　旋转符号组　　　　图 11-14　符号组着色　　　　图 11-15　符号组滤色

8. 符号样式器工具

首先使用【选择工具】▷选择符号组，如图 11-16 所示。在【图像效果】面板中可以为符号选择样式，如图 11-17 所示。接着使用【符号样式器工具】◉在符号组上单击或拖动可以改变符号样式，如图 11-18 所示。

 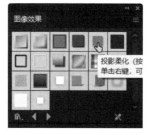 

图 11-16　选择符号组　　　　图 11-17　【图像效果】面板　　　　图 11-18　改变符号样式

11.1.5　创建与编辑符号样式

用户可以将绘制的图形转换为符号，以方便以后直接使用，无论是预设符号还是创建的符号，均能够重新编辑与定义该符号。

1. 创建符号

Illustrator 2022 能够将路径、复合路径、文本对象、栅格图像、网格对象和对象组对象转换为符号，但是不能转换外部链接的位图或一些图表组。创建符号的具体操作步骤如下。

步骤 01 选择绘制完成的图形，如图 11-19 所示。

步骤 02 单击【符号】面板底部的【新建符号】按钮 ，或者将图形直接拖入【符号】面板中，弹出【符号选项】对话框，在【名称】文本框中输入符号名称，单击【确定】按钮，如图 11-20 所示。

步骤 03 在【符号】面板中创建符号，并且将图形转换为符号实例，如图 11-21 所示。

图 11-19　选择图形

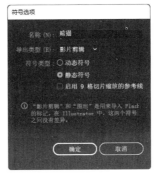

图 11-20　【符号选项】对话框

图 11-21　创建"熊猫"符号

2. 编辑符号

符号是由图形组成的，所以符号的形状也能够进行修改，如果符号的形状被修改，那么，与之链接的符号实例也会随之发生变化，编辑符号的具体操作步骤如下。

步骤 01 双击【符号】面板中的符号图标，也可以通过双击绘制区域中的符号实例或单击菜单栏中的【编辑符号】按钮 编辑符号(I)，进入符号编辑模式进行编辑，如更改符号背景为绿色，如图 11-22 所示。

步骤 02 完成符号编辑后，单击【退出隔离模式】按钮 ，即可发现画板中同一个符号的实例及【符号】面板中的符号均会发生相应变化，如图 11-23 所示。

图 11-22　编辑符号

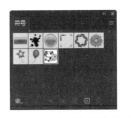

图 11-23　"熊猫"符号效果

3. 重新定义符号

在【符号】面板中，可以使用其他图形重新定义符号的形状，具体操作方法如下。

选择画板中的图形，单击【符号】面板中将要被替换的符号，如图 11-24 所示。单击面板右上角的■按钮，在打开的快捷菜单中选择【重新定义符号】命令，如图 11-25 所示，即可将雏菊符号替换为选择的熊猫图形，如图 11-26 所示。

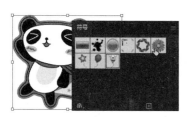
图 11-24　选择图形和符号

图 11-25　选择命令

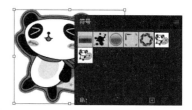
图 11-26　重新定义符号效果

11.2 图表的应用

图表以可视直观的方式显示统计信息，用户可以创建 9 种不同类型的图表并自定义这些图表以满足创建者的需要。

11.2.1　创建图表

在 Illustrator 2022 中，可以创建的图表类型非常丰富，包括柱形、堆积柱形、条形、堆积条形、折线等类型，下面分别进行介绍。

1. 柱形图表

使用【柱形图工具】■创建的图表，是以垂直柱形来比较数值的，该工具创建的图表简单明了，并且操作简单，在画板中单击并拖动创建，在弹出的【图表数据】对话框中输入数据，即可得到基本图表对象，如图 11-27 所示。

2. 堆积柱形图表

使用【堆积柱形图工具】■创建的图表与柱形图类似，但是它将各个柱形堆积起来，而不是互相并列，这种图表类型可用于表示部分与总体之间的关系。

3. 条形图表

使用【条形图工具】■创建的图表与柱形图类似，但是柱形是水平放置的，如图 11-28 所示。

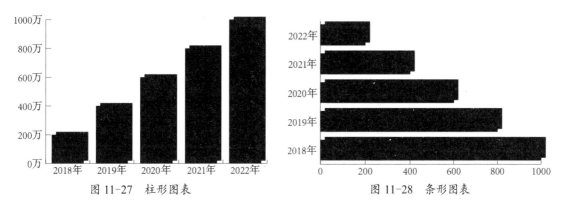

图 11-27 柱形图表　　　　　　　　图 11-28 条形图表

4. 堆积条形图表

使用【堆积条形图工具】创建的图表与堆积柱形图类似，它将各个条形堆积起来。

5. 折线图表

使用【折线图工具】创建的图表使用点来表示一组或多组数值，并且对每组中的点都采用不同的线段来连接。这种图表类型通常用于表示在一段时间内一个或多个主题的趋势，如图 11-29 所示。

6. 面积图表

使用【面积图工具】创建的图表与折线图类似，但是它强调数值的整体和变化情况，如图 11-30 所示。

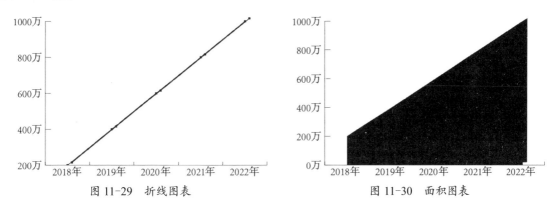

图 11-29 折线图表　　　　　　　　图 11-30 面积图表

7. 散点图表

使用【散点图工具】创建的图表沿 X 轴和 Y 轴将数据点作为成对的坐标组进行绘制，散点图可用于识别数据中的图案或趋势，它们还可以表示变量是否相互影响。

8. 饼图图表

使用【饼图工具】可以创建圆形图表，它表示所比较数值的相对比例范围，如图 11-31 所示。

9. 雷达图表

使用【雷达图工具】创建的图表可在某一特定时间点或特定类别上比较数值组，并以图形格式表示，这种图表类型也称为网状图，如图 11-32 所示。

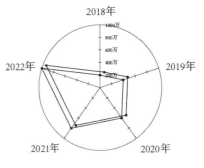

图 11-31　饼图图表

图 11-32　雷达图表

11.2.2　修改图表数据

在创建图表的过程中，同时弹出【图表数据】对话框并且进行数据输入，当图表创建完成后，该对话框被关闭，要想重新输入或修改图表中的数据，具体操作步骤如下。

步骤 01　选择需要修改数据的图表，执行【对象】→【图表】→【数据】命令，重新打开【图表数据】对话框。在对话框中，单击要更改的单元格，在文本框中输入数值或文字来修改图表的数据，如图 11-33 所示。

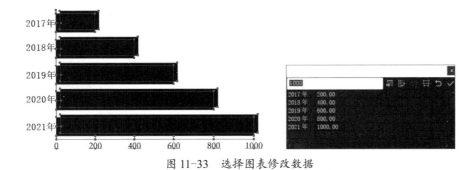

图 11-33　选择图表修改数据

步骤 02　单击对话框中的【应用】按钮，图表中的数据被更改，条形图发生变化，如图 11-34 所示。

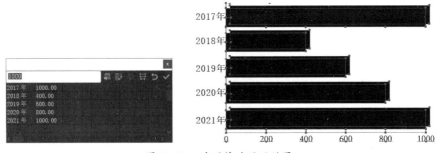

图 11-34　应用修改显示效果

11.2.3　更改图表类型

当创建一种图表类型后，还可以将其更改为其他类型的图表，以更多的方式加以展示。选择创建的图表，执行【对象】→【图表】→【类型】命令，在弹出的【图表类型】对话框中，单击【类型】选项组中的某个类型按钮，即可改变图表类型，具体操作步骤如下。

步骤 01　打开"素材文件\第 11 章\修改图表类型 .ai"文件，选择创建的图表，如图 11-35 所示。

步骤 02　双击图表工具图标，打开【图表类型】对话框，单击选择图表类型，如【条形图】，单击【确定】按钮，返回文件，即可将选择的图表转换为条形图，如图 11-36 所示。

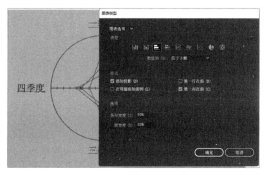

图 11-35　选择图表

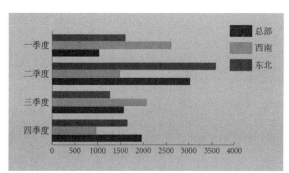

图 11-36　转换图表类型

11.2.4　设置图表选项

创建图表后，还可以更改图表轴的外观和位置、添加投影、移动图例、组合显示不同的图表类型，通过使用【选择工具】选定图表，执行【对象】→【图表】→【类型】命令，可以查看图表设置的选项。

1. 设置图表格式和自定格式

用户可以像修改普通图形一样，更改图表格式，包括更改底纹的颜色、字体和文字样式，移动、对称、旋转或缩放图表的任何部分，并自定列和标记的设计。

在【图表类型】对话框中，选中【样式】选项组中的【添加投影】复选框，如图 11-37 所示。单击【确定】按钮，可以为图表添加投影效果，如图 11-38 所示。

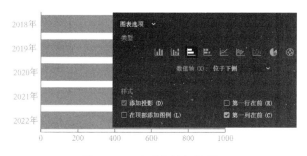

图 11-37　为图表添加投影

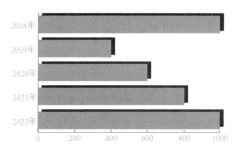

图 11-38　显示投影效果

> 温馨
> 提示
>
> 图表是与其数据相关的编组对象，不可以取消图表编辑，如果取消就无法更改图表。

2. 设置图表轴格式

除了饼图外，所有的图表都有显示图表测量单位的数值轴，可以选择在图表的一侧显示数值轴或两侧都显示数值轴。条形、堆积条形、柱形、堆积柱形、折线和面积图也有在图表中定义数据类别的类别轴。

在【图表类型】对话框中，选择下拉列表框中的【类别轴】选项，能够更改图表轴的显示样式，其中，【刻度线】选项组中的选项与【数值轴】中的作用基本相同，如图 11-39 所示。

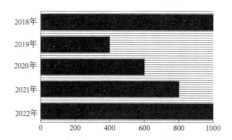

图 11-39　为图表添加刻度线

11.2.5　将符号添加至图表

创建的图表效果以几何图形为主，为了使图表效果更加生动，还可以使用普通图形或符号图案来代表几何图形。

课堂范例——添加图案到图表

本例主要练习在 Illustrator 中将图案添加到图表，具体操作步骤如下。

步骤 01　打开"素材文件\第 11 章\一月 .ai"文件，如图 11-40 所示。

步骤 02　执行【窗口】→【符号】命令，打开【符号】面板，再打开【花朵】符号库面板，拖动【红玫瑰】符号到空白画板上，如图 11-41 所示。

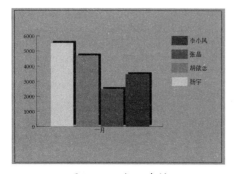

图 11-40　打开素材　　　　　　　　　　图 11-41　拖动【红玫瑰】符号

步骤 03　执行【对象】→【图表】→【设计】命令，打开【图表设计】对话框，单击【新建设计】按钮，新建设计方案，单击【确定】按钮，保存设计方案，如图 11-42 所示。

步骤 04　使用【直接选择工具】选择黄色数据区域，如图 11-43 所示。

图 11-42　【图表设计】对话框

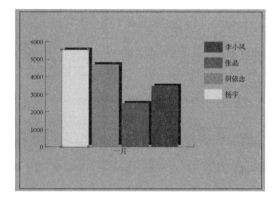

图 11-43　选择黄色数据区域

> **温馨提示**
>
> 在【图表数据】对话框中，位于右上方的按钮依次是【导入数据】按钮，可以导入文本文件，将外部数据导入创建图表；【换位行/列】按钮，可以将行和列的数据对换；【切换 X/Y】按钮，可以切换行列方向；【单元格样式】按钮，可以设置单元格的样式；【恢复】按钮，可以恢复初始数值；【应用】按钮，可以将数据应用于图表创建。

步骤 05　执行【对象】→【图表】→【柱形图】命令，打开【图表列】对话框，选择【新建设计】设计方案，单击【列类型】下拉按钮，在下拉列表中选择【重复堆叠】选项，设置【每个设计表示】为 1000，如图 11-44 所示。

步骤 06　单击【确定】按钮，返回文档，所选择的数据区域以红玫瑰图形表示，如图 11-45 所示。

图 11-44　【图表列】对话框

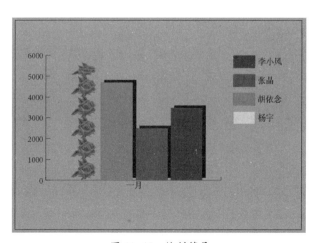

图 11-45　绘制符号

👤 **课堂问答**

问题 1：可以重新排列符号的顺序吗？

答：使用鼠标左键将符号拖动到不同的位置，当有一条黑线出现在所需位置时，释放鼠标左键即可调整指定符号的排列顺序；从【符号】快捷菜单中选择【按名称排序】命令，系统将按字母顺序列出符号。

问题 2：将符号添加至图表时，太过拥挤怎么办？

答：创建符号图表时，可以在图案周围创建一个无填色、无描边的矩形，然后将矩形和图案一起创建为设计图案，如图 11-46 所示。在使用图案时，矩形与图案间的空隙越大，图案间的间距也越大，如图 11-47 所示。

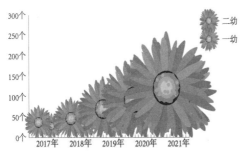

图 11-46　间距小

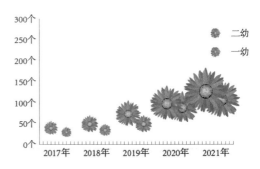

图 11-47　间距大

问题 3：如何设置图表数据窗口中的小数位数？

答：在图表数据窗口中输入数据时，默认情况下会显示 2 位小数，如图 11-48 所示。单击图表数据窗口上方的■按钮，打开【单元格样式】对话框，设置【小数位数】的参数可以定义数据需要保留的小数位数；设置【列宽度】参数，可以定义单元格的宽度，如图 11-49 所示。显示效果如图 11-50 所示。

图 11-48　选择数据

图 11-49　设置参数

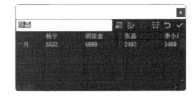

图 11-50　显示效果

🖼 **上机实战——制作饼形分布图效果**

在通过本章的学习后，为让读者巩固本章知识点，下面讲解一个技能综合案例，使读者对本章的知识有更深入的了解。效果展示如图 11-51 所示。

效果展示

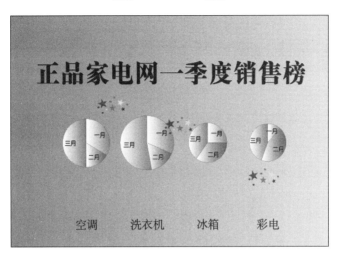

图 11-51　展示效果

思路分析

　　制作饼图销售图表，可以直观地观察到产品的销售情况，并能将数据进行相互对比，下面介绍如何制作饼形分布图效果。

　　本例首先使用【饼图工具】 制作饼形图表，接下来调整图表的颜色，使用【矩形工具】 绘制底图并填充渐变色，最后输入标题文字，完成整体制作。

制作步骤

步骤 01　新建空白文档，单击工具箱中的【饼图工具】 ，在画板中单击并拖动鼠标，弹出【图表数据】对话框，在对话框中输入数值，单击【应用】按钮 ，确认数值输入，如图 11-52 所示。

步骤 02　通过前面的操作，生成饼形图表对象，如图 11-53 所示。

图 11-52　输入数值

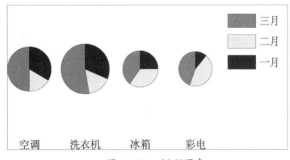

图 11-53　饼形图表

步骤 03　执行【对象】→【图表】→【类型】命令，在弹出的【图表类型】对话框的选项栏中，设置【图例】为【楔形图例】，效果如图 11-54 所示。

步骤 04 按组合键【Ctrl+Shift+G】解组图表，弹出询问对话框，单击【是】按钮。右击饼图对象，在弹出的快捷菜单中选择【取消编组】命令，解组饼图，如图 11-55 所示。

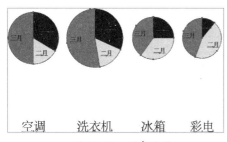

图 11-54 图表效果

图 11-55 解组饼图

步骤 05 选择黑色饼图对象，如图 11-56 所示。

步骤 06 单击工具箱中的【渐变】图标，在打开的【渐变】面板中，单击渐变色条右侧的色标，再双击【填色】图标，设置颜色为绿色（#86C126），如图 11-57 所示。

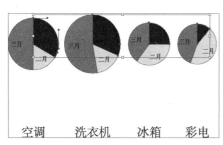

图 11-56 选择黑色饼图

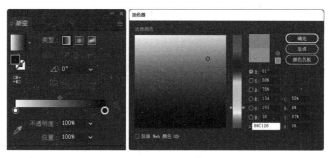

图 11-57 设置色标颜色

步骤 07 通过前面的操作，得到渐变填充效果，如图 11-58 所示。选择浅灰色饼图对象，使用相同的方法填充橙色渐变色（#DE6B0D），如图 11-59 所示。

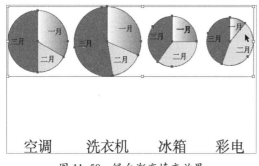

图 11-58 绿白渐变填充效果

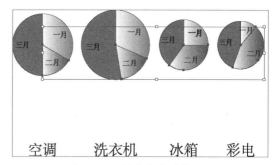

图 11-59 橙白渐变填充效果

步骤 08 使用相同的方法对左侧饼图填充蓝色渐变色（#50C1E2），如图 11-60 所示。

步骤 09 选择工具箱中的【矩形工具】，拖动鼠标绘制和面板大小一致的矩形，调整到最底层，如图 11-61 所示。

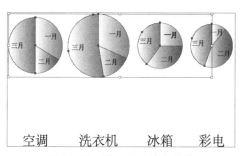

图 11-60 蓝白渐变填充效果

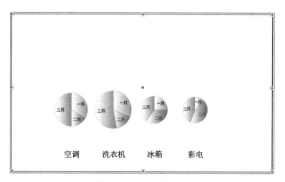

图 11-61 绘制矩形

步骤 10 在【渐变】面板中，设置【类型】为线性渐变，渐变色为蓝色（#3DBEED）、黄色（#EFEB48），如图 11-62 所示。渐变填充效果如图 11-63 所示。

图 11-62 【渐变】面板

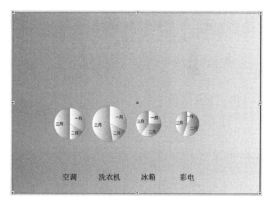

图 11-63 渐变填充效果

步骤 11 选择【文字工具】 T ，在选项栏中设置字体为汉仪粗宋简，【字体大小】为 23pt，颜色为深蓝色（#2300BF），如图 11-64 所示。调整饼图的大小和位置，如图 11-65 所示。

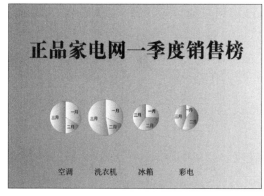

图 11-64 添加文字

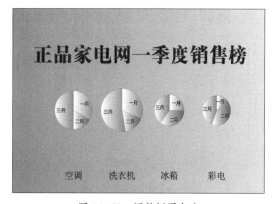

图 11-65 调整饼图大小

步骤 12 在【符号】面板中，单击左下角的【符号库菜单】按钮 ，在打开的快捷菜单中选择"庆祝"符号，在【庆祝】面板中单击选择"五彩纸屑"符号，如图 11-66 所示。

步骤 13 选择工具箱中的【符号喷枪工具】，拖动鼠标绘制符号实例，如图 11-67 所示。

图 11-66 【庆祝】面板

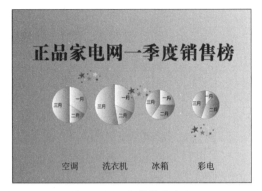

图 11-67 绘制符号实例

🌐 同步训练——制作公司组织结构图

在通过上机实战案例的学习后，为了增强读者的动手能力，下面安排一个同步训练案例，让读者达到举一反三、触类旁通的学习效果。

图解流程

思路分析

公司组织结构图主要显示公司的组织分布情况，通俗的说法是公司的人事整体规划情况，在 Illustrator 2022 中制作公司组织结构图的具体操作步骤如下。

本例首先通过【照亮组织结构图】面板绘制组织结构图。使用【矩形工具】■绘制底图并填充颜色，最后输入标题文字，并添加符号完成制作。

关键步骤

步骤 01 按组合键【Ctrl+N】新建一个横向 A4 的文件，如图 11-68 所示。

步骤 02 在【符号】面板中，单击左下角的【符号库菜单】按钮，在打开的快捷菜单中，选择"照亮组织结构图"符号，在打开的【照亮组织结构图】面板中，单击选择"椭圆组织图表 2"符号，如图 11-69 所示。

图 11-68 【新建文档】对话框

图 11-69 【照亮组织结构图】面板

步骤 03 将组织图符号拖动到面板中，创建符号实例，如图 11-70 所示。

步骤 04 选择工具箱中的【矩形工具】■，拖动绘制和画板大小一样的矩形，填充浅蓝色（#B9E0E4），如图 11-71 所示。

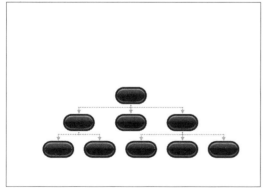

图 11-70 创建符号实例

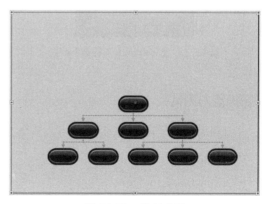

图 11-71 绘制底图

步骤 05 选择工具箱中的【文字工具】，在画板中输入白色文字，在选项栏中，设置字体为汉仪粗宋简，【字体大小】为 8pt，如图 11-72 所示。

步骤 06 继续使用【文字工具】 T 输入标题文字，在选项栏中，设置【字体大小】为 15pt，如图 11-73 所示。

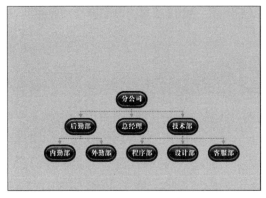

图 11-72　输入文字　　　　　　　　　图 11-73　输入标题文字

步骤 07 在【符号】面板中，单击左下角的【符号库菜单】按钮 ，在打开的快捷菜单中选择"Web 按钮和条形"符号，在打开的【Web 按钮和条形】面板中，单击选择"图标 3-向下"符号，如图 11-74 所示。

步骤 08 制作公司组织结构图的最终效果如图 11-75 所示。

图 11-74　【Web 按钮和条形】面板

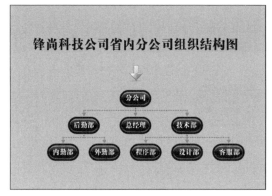

图 11-75　最终效果

知识能力测试

本章讲解了符号和图表应用的基本方法，为对知识进行巩固和考核，接下来布置相应的练习题。

一、填空题

1. 在 Illustrator 2022 中，可以创建＿＿＿＿不同类型的图表并自定义这些图表以满足创建者的需要。

2.【符号】面板中包括大量的符号，可以自己创建符号和＿＿＿＿。

3.创建的图表效果以几何图形为主，为了使图表效果更加生动，还可以用普通图形或_____来代表几何图形。

二、选择题

1.使用(　　)创建的图表与柱形图类似，但是它将各个柱形堆积起来，而不是互相并列，这种图表类型可用于表示部分与总体之间的关系。

A.【柱形图工具】　　　　　　　　　　　B.【堆积柱形图工具】

C.【条形图工具】　　　　　　　　　　　D.【堆积条形图工具】

2.首先使用【选择工具】选择符号组，接着使用(　　)在符号组上拖动可以调整已选择符号的位置，调整选项可以调整所要更改符号的范围。

A.【符号移位器工具】　　　　　　　　　B.【符号紧缩器工具】

C.【符号着色器工具】　　　　　　　　　D.【符号样式器工具】

3.在画板中创建符号实例，均与(　　)面板中的符号相互链接，如果修改符号的形状或颜色，画板中的符号实例同时也会发生变化。

A.【庆祝】　　　　B.【渐变】　　　　C.【图像效果】　　　　D.【符号】

三、简答题

1.断开符号链接有什么作用，如何断开符号链接？

2.如何修改重新打开的图表数据？

Illustrator 2022

第12章
Web 设计、打印和任务自动化

在学习了符号和图表的应用后，下一步需要学习 Web 设计、打印和任务自动化操作。本章将详细介绍网络图片应用，以及如何输出网页图片。打印是在纸张上呈现作品的方法，Illustrator 2022 还提供了多种命令来自动化处理一些常见的重复性操作。

学习目标

- 熟练掌握输出为 Web 图形的方法
- 熟练掌握文件打印的方法
- 熟练掌握任务自动化的方法

12.1　输出为Web图形

Illustrator 2022 是一款绘制矢量图形的软件，但是同样能够应用于网络图片，只要相关选项的设置符合网络图片要求即可。

12.1.1　Web安全色

在【拾色器】对话框中选中【仅限Web颜色】复选框，如图 12-1 所示，【拾色器】对话框将始终在 Web 颜色安全模式下工作。Web 安全色是指在不同硬件环境、不同操作系统、不同浏览器中都能够正常显示的颜色集合。执行【窗口】→【色板】命令，打开【色板】面板，单击【色板】面板底部的【色板库】按钮 ，在快捷菜单中选择【Web】选项，即可打开【Web】面板，如图 12-2 所示。

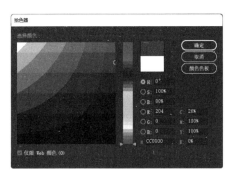

图 12-1　【拾色器】对话框

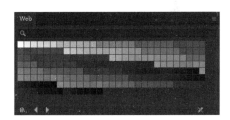

图 12-2　【Web】面板

12.1.2　创建切片

使用【切片工具】 可以将完整的网页图像划分为若干个小图像，在输出网页时，根据图像特性分别进行优化。

1. 使用【切片工具】创建切片

单击工具箱中的【切片工具】 ，在网页上单击并拖动鼠标左键，释放鼠标后即可创建切片，如图 12-3 所示。其中，淡红色标识为自动切片，如图 12-4 所示。

图 12-3　创建切片

图 12-4　切片效果

2. 从参考线创建切片

用户可以根据创建的参考线创建切片，按组合键【Ctrl+R】显示出标尺，拉出参考线，设置切片的位置，如图 12-5 所示。执行【对象】→【切片】→【从参考线创建】命令，即可根据文档的参考线创建切片，如图 12-6 所示。

图 12-5 创建参考线　　　　　　　　　　　　图 12-6 从参考线创建切片

3. 从所选对象创建切片

选择网页中的一个或多个图形对象，如图 12-7 所示。执行【对象】→【切片】→【从所选对象创建】命令，将根据选择图形最外轮廓划分切片，如图 12-8 所示。

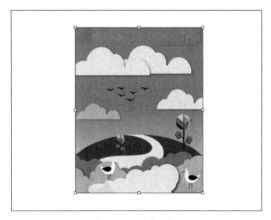

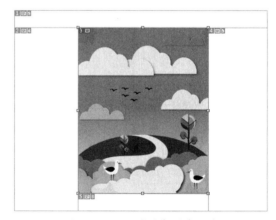

图 12-7 选择图形　　　　　　　　　　　　图 12-8 从所选对象创建切片

4. 创建单个切片

选择网页中的一个或多个图形对象，如图 12-9 所示。执行【对象】→【切片】→【建立】命令，根据选择的图形分别创建单个切片，如图 12-10 所示。

图 12-9　选择图形

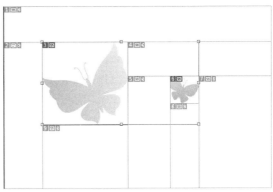

图 12-10　分别创建单个切片

12.1.3 编辑切片

用户创建切片后，还可以对切片进行选择、调整、隐藏、删除、锁定等各种操作。对于不同类型的切片，其编辑方式有所不同。

1. 选择切片

单击工具箱切片工具组中的【切片选择工具】，在需要选择的切片上单击，即可选择该切片。

2. 调整切片

如果用户使用【对象】→【切片】→【建立】命令创建切片，切片的位置和大小将捆绑到它所包含的图稿。因此，如果移动图稿或调整图稿大小，切片边界也会随之进行调整。如果使用其他方式创建切片，则可以按下述方式手动调整切片。

（1）移动切片。单击工具箱中的【切片选择工具】，将切片拖动到新位置即可，按住【Shift】键进行拖动，可以将移动方向限制在水平、垂直或 45° 对角线方向上。

（2）调整切片大小。单击工具箱中的【切片选择工具】，在切片上单击选择切片，拖动切片的任意边来调整切片的大小；也可以使用【选择工具】和【变换】面板来调整切片的大小。

（3）对齐或分布切片。使用【对齐】面板，通过对齐切片可以消除不必要的自动切片，以生成较小且更有效的 HTML 文件。

（4）更改切片的堆叠顺序。将切片拖到【图层】面板中的新位置，或者执行【对象】→【排列】命令进行调整。

（5）划分某个切片。选择切片，执行【对象】→【切片】→【划分切片】命令，打开【划分切片】对话框，在对话框中输入数值，可以根据数值划分切片为若干均等的切片。

（6）复制切片。选择切片，执行【对象】→【切片】→【复制切片】命令，可以复制一份与原切片尺寸相同大小的切片。

（7）组合切片。选择两个或多个切片，执行【对象】→【切片】→【组合切片】命令，被组合切片的外边缘连接起来所得到的矩形即构成组合后切片的尺寸和位置。如果被组合切片不相邻，或者具有不同的比例或对齐方式，则新切片可能与其他切片重叠。

（8）将所有切片的大小调整到画板边界。执行【对象】→【切片】→【剪切到画板】命令，超出画板边界的切片会被截断，以适合画板大小；画板内部的切片会自动扩展到画板边界。

3. 删除切片

用户可以通过从对应图稿中删除切片或释放切片来移动多余切片。

（1）释放某个切片。选择切片，执行【对象】→【切片】→【释放】命令，即可移去相关切片。

（2）删除切片。选择切片，按【Delete】键即可删除，如果切片是通过【对象】→【切片】→【建立】命令创建的，则会同时删除相应的图稿。

（3）删除所有切片。执行【对象】→【切片】→【全部删除】命令，即可删除图稿中的所有切片；通过【对象】→【切片】→【建立】命令创建的切片只是释放，而不会将其删除。

4. 隐藏和锁定切片

切片可以暂时隐藏，也可以根据需要进行锁定。对切片进行锁定后，可以防止误操作。

（1）隐藏切片。执行【视图】→【隐藏切片】命令，即可将所有切片隐藏。

（2）显示切片。执行【视图】→【显示切片】命令，即可将隐藏的切片全部显示。

（3）锁定所有切片。执行【视图】→【锁定切片】命令，切片被锁定。

（4）锁定单个切片。在【图层】面板中单击切片的可编辑列，即可将其锁定。

5. 设置切片选项

执行【对象】→【切片】→【切片选项】命令，可以打开【切片选项】对话框。在【切片选项】对话框中，用户可以设置切片类型，以及如何在生成的网页中进行显示、如何发挥作用。例如，设置切片的URL链接地址，设置切片的提示显示信息。

12.1.4 导出切片

完成页面制作并创建切片后，可以将切割后的网页分块保存起来，具体操作方法如下。

执行【文件】→【导出】→【存储为Web所用格式】命令，打开【存储为Web所用格式】对话框，在该对话框中可以设置各项优化选项，同时可以预览具有不同文件格式和不同文件属性的优化图像，如图 12-11 所示。

技能
拓展

在 Illustrator 2022 中，还可以创建动画，完成动画元素绘制后，将每个元素释放到单独的图层中，每一个图层为动画的一帧或一个动画文件，然后导出SWF格式文件。

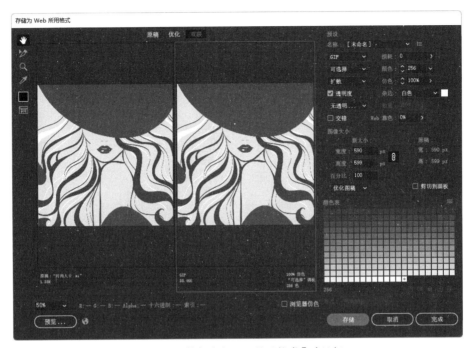

图 12-11　【存储为 Web 所用格式】对话框

课堂范例——选择和编辑切片

本案例主要讲解创建切片后，还可以对切片进行编辑，如移动、调整大小等操作，具体操作步骤如下。

步骤 01　打开"素材文件\第 12 章\杭州 .ai"文件，已创建好切片，如图 12-12 所示。

步骤 02　选择工具栏中的【切片选择工具】，单击切片将其选中，所选切片显示为绿色，如图 12-13 所示。

图 12-12　打开素材

图 12-13　选择切片

步骤 03　拖动鼠标可以移动切片位置，如图 12-14 所示。

步骤 04　鼠标指针在边界线上变换为双向箭头形状时，拖动鼠标可以调整切片的大小，如图 12-15 所示。

温馨
提示

按住【Shift】键，可以将移动方向限制在水平、垂直或45°对角线方向上。如果是从所选对象创建的切片，那么移动切片时，对应的对象会随之一起移动。

| 图 12-14　移动切片 | 图 12-15　调整切片大小 |

12.2 文件打印和自动化处理

在输出图像之前，首先要进行正确的打印设置，完成打印设置后，文件才能正确地进行打印输出。使用文件自动化操作可以提高工作效率，减少重复工作。

12.2.1　文件打印

执行【文件】→【打印】命令，将弹出【打印】对话框。在 Illustrator 2022 中，系统把页面设置和打印功能集成到【打印】对话框中，完成打印设置后，单击【打印】按钮即可以用户设置的参数进行打印，单击【完成】按钮将保存用户设置的打印参数而不进行打印，如图 12-16 所示。【打印】对话框内容详解见表 12-1。

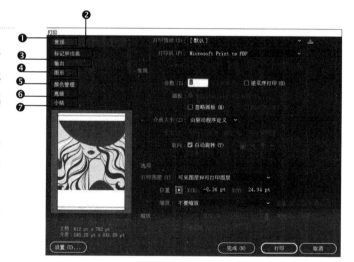

图 12-16　【打印】对话框

表 12-1　【打印】对话框内容详解

选项	功能介绍
❶常规	设置页面大小和方向、指定要打印的页数、缩放图稿，指定拼贴选项及选择要打印的图层

续表

选项	功能介绍
❷标记和出血	选择印刷标记与创建出血
❸输出	创建分色输出
❹图形	设置路径、字体、PostScript 文件、渐变、网格和混合的打印选项
❺颜色管理	选择一套打印颜色配置文件和渲染方法
❻高级	控制打印期间的矢量图稿拼合（或可能栅格化）
❼小结	查看和存储打印设置小结

【打印】对话框中包括多个选项，单击对话框左侧的选项名称，可以显示该选项的所有参数设置，其中的很多参数设置是启动文档时选择的启动配置文件预设的。

12.2.2 自动化处理

在图像编辑和调整过程中，常会用到重复的操作步骤，使用【动作】面板可以将常用操作集成为一个动作，并能够使用批处理命令同时处理多个文件。

1. 认识【动作】面板

动作的所有操作都可以在【动作】面板中完成，使用【动作】面板可以新建、播放、编辑和删除动作，还可以载入系统预设的动作。

执行【窗口】→【动作】命令即可打开【动作】面板，如图 12-17 所示；单击【面板】右上角的 ▤ 按钮，可以打开面板快捷菜单。【动作】面板内容详解见表 12-2。

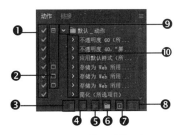

图 12-17 【动作】面板

表 12-2 【动作】面板内容详解

选项	功能介绍
❶切换项目开/关	单击 ✓ 标识，可以控制运行动作时是否忽略此命令
❷切换对话框开/关	单击 ▢ 标识，可以控制运行动作时是否弹出该命令的对话框
❸停止播放/记录	在录制动作时，单击 ▢ 按钮，可以停止记录
❹开始记录	单击 ◯ 按钮，开始记录动作步骤
❺播放当前所选动作	单击 ▶ 按钮，开始播放已录制的动作
❻创建新动作集	单击 ▢ 按钮，在【动作】面板中新建一个动作集
❼创建新动作	单击 ▢ 按钮，创建一个新动作
❽删除所选动作	单击 ▤ 按钮，可以删除不再需要的动作和动作集

续表

选项	功能介绍
❾关闭动作组	单击 按钮，可以关闭该组中的所有动作
❿打开动作组	单击 按钮，可以打开该组中的所有动作

2.创建动作

【动作】面板中包含完成特定效果的一系列操作步骤，除了【动作】面板中的默认动作外，用户还可以自己创建需要的动作，创建新动作的具体操作步骤如下。

步骤01　单击【动作】面板底部的【创建新动作】按钮，在弹出的【新建动作】对话框中设置好动作的各选项参数，单击【记录】按钮，Illustrator 2022 开始记录用户的相关操作，如图 12-18 所示。

步骤02　通过前面的操作，Illustrator 2022 处于动作记录状态，用户可以根据需要进行相关的编辑操作。在图像中所做的鼠标操作步骤会被记录下来，并且每步动作的名称都会显示在【动作】面板上。单击底部的【停止播放/记录】按钮即可完成动作的创建，如图 12-19 所示。

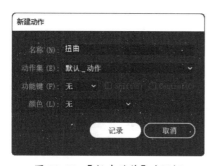

图 12-18 【新建动作】对话框

图 12-19 停止记录动作

> **技能拓展**
>
> 【动作】面板底部的【开始记录】按钮处于按下状态，呈红色时，表示现在开始所做的所有菜单操作都会被记录下来。在记录操作步骤的过程中，一些步骤前面有小方框的图标，表示该动作有对话框或其他的相关设置，当播放动作时，运行到此步骤时，会要求用户输入参数或进行选择等其他操作。

3.批处理

批处理命令用来对文件夹和子文件夹播放动作，使用【批处理】命令进行文件处理的具体操作步骤如下。

步骤01　执行【窗口】→【动作】命令，打开【动作】面板，单击【动作】面板右上角的按钮，在弹出的快捷菜单中选择【批处理】命令，如图 12-20 所示。

步骤02　在弹出的【批处理】对话框中分别设置播放、源和目标等各项参数，根据需要设置其名称和位置，设置完成后，单击【确定】按钮，Illustrator 2022 将根据用户设置的参数自动处理文件，如图 12-21 所示。【批处理】对话框内容详解见表 12-3。

图 12-20 选择命令

图 12-21 【批处理】对话框

表 12-3 【批处理】对话框内容详解

选项	功能介绍
❶【播放】栏	在【播放】栏中，用户可以分别设定选择批处理的动作集和动作
❷【源】栏	在【源】下拉列表中，用户可以选择批处理的文件来源。其中，选择【文件夹】表示文件来源为指定文件夹中的全部图像，通过单击【选取】按钮，就可以指定来源文件所在的文件夹。选中【忽略动作的"打开"命令】复选框，当选择的动作中如果包含有打开命令，就自动跳过。选中【包含所有子目录】复选框，选择批处理命令时，若指定文件夹中包含子目录，则子目录中的文件将一起处理
❸【目标】栏	在【目标】下拉列表中，用户可以选择图像处理后保存的方式。选择【无】表示不保存，选择【存储并关闭】表示存储并关闭文件，选择【文件夹】可以指定一个文件夹来保存处理后的图像。选中【忽略动作的"存储"命令】复选框，当选择的动作中如果包含有"存储"命令，就自动跳过
❹【错误】栏	在【错误】下拉列表中，用户可以选择当批处理出现错误时怎样处理。选择【出错时停止】项，可以在遇到错误时，停止批处理命令的选择；选择【将错误记录到文件】项，则在出现错误时，将出错的文件保存到指定的文件夹

👤 课堂问答

问题 1：为什么录制动作时，有些操作没有显示在【动作】面板中？

答：Illustrator 2022 开始创建动作的过程中，并不是动作中的所有任务都能直接记录，例如，【效果】和【视图】菜单中的命令，用于显示或隐藏面板的命令，以及使用选择、钢笔、画笔、铅笔、渐变、网格、吸管、剪刀和上色等工具。

问题 2：如何将所有切片大小调整到画板边界？

答：要将所有切片大小调整到画板边界，执行【对象】→【切片】→【剪切到画板】命令，使该命令左侧显示 ✓ 图标。创建切片后，超出画板边界的切片会被截断，以适合画板大小；画板内部的切片会自动扩展到画板边界。

问题3：批处理文件时，如何更改文件格式？

答：使用【批处理】命令存储文件时，文件默认以原格式进行存储。如果要更改文件的存储格式，需要记录【存储为】或【存储副本】命令，接下来记录【关闭】命令，将这些步骤记录在原动作的最后。在设置批处理时，将【目标】选择为【无】即可。

🖼 上机实战——将普通图形转换为时尚插画效果

在通过本章的学习后，为让读者巩固本章知识点，下面讲解一个技能综合案例，使读者对本章的知识有更深入的了解。效果展示如图12-22所示。

效果展示

图 12-22　展示效果

思路分析

使用Illustrator 2022制作时尚插画是非常方便的，下面将介绍如何将普通图形转换为精美时尚插画。

本例首先通过【动作】面板将图形转换为直线效果，接下来使用【径向模糊】命令创建图形的模糊效果，最后使用【彩色半调】命令创建图形的艺术效果，完成整体制作。

制作步骤

步骤 01　打开"素材文件\第12章\时尚人士.ai"，使用【选择工具】▶选择图形，如图12-23所示。

步骤 02　在【动作】面板中，单击"默认_动作"左侧的箭头✔，展开默认动作组，单击选择"简化为直线（所选项目）"动作。单击下方的【播放当前所选动作】按钮▶，如图12-24所示。

步骤 03　动作播放效果如图12-25所示。使用【选择工具】▶选择上方的红色图形，如图12-26所示。

图 12-23　打开图形

图 12-24　播放动作

图 12-25　动作播放效果

步骤 04　执行【效果】→【模糊】→【径向模糊】命令，在弹出的【径向模糊】对话框中，设置【数量】为 40，【模糊方法】为旋转，单击【确定】按钮，如图 12-27 所示。

步骤 05　设置后得到径向模糊效果，如图 12-28 所示。

图 12-26　选择上方红色图形

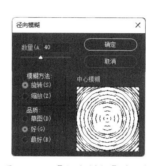

图 12-27　【径向模糊】对话框

图 12-28　径向模糊效果

步骤 06　执行【效果】→【画笔描边】→【烟灰墨】命令，在弹出的【烟灰墨】对话框中使用默认参数，单击【确定】按钮。再执行【效果】→【像素化】→【彩色半调】命令，在弹出的【彩色半调】对话框中设置【最大半径】为 20，如图 12-29 所示。

步骤 07　通过前面的操作，得到彩色半调滤镜效果，如图 12-30 所示。

图 12-29　【彩色半调】对话框

图 12-30　最终效果

🌐 同步训练——批处理文件

在通过上机实战案例的学习后，为了增强读者的动手能力，下面安排一个同步训练案例，让读者达到举一反三、触类旁通的学习效果。

图解流程

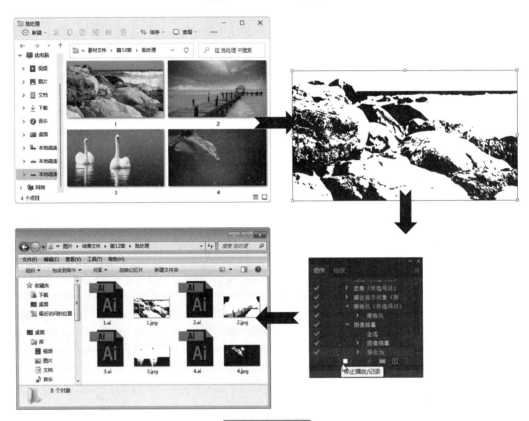

思路分析

批处理操作可以快速为大量图像应用相同的操作，在 Illustrator 2022 中应用批处理的具体操作方法如下。本例首先录制"图像描摹"动作。接下来使用【批处理】命令处理多个图像，完成制作。

关键步骤

步骤 01　打开任意文件，如图 12-31 所示。使用【选择工具】选择图像，在打开的【动作】面板中，单击右下角的【创建新动作】按钮。

步骤 02　在弹出的【新建动作】对话框中，设置【名称】为图像描摹，单击【记录】按钮。执行【选择】→【全部】命令选择图像，如图 12-32 所示。

图 12-31　打开文件

图 12-32　选择图像

步骤 03　执行【对象】→【图像描摹】→【建立】命令，图像描摹效果如图 12-33 所示。

步骤 04　执行【文件】→【导出】→【导出为】命令，在弹出的【导出】对话框中设置保存的目标文件夹，设置【保存类型】为 JPEG，单击【导出】按钮，如图 12-34 所示。

图 12-33　图像描摹效果

图 12-34　【导出】对话框

步骤 05　在弹出的【JPEG 选项】对话框中，直接使用默认参数，单击【确定】按钮。在【动作】面板中，单击【停止播放/记录】按钮，如图 12-35 所示。

步骤 06　单击【动作】面板右上角的按钮，在打开的快捷菜单中选择【批处理】命令，在弹出的【批处理】对话框中设置【动作】为图像描摹，设置【源】为文件夹，单击【选取】按钮，如图 12-36 所示。

图 12-35　停止播放/记录动作

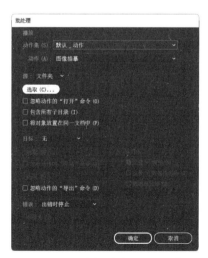

图 12-36　选择动作和源文件夹

步骤 07　在打开的【选择批处理源文件夹】对话框中，选择要处理的文件所在的文件夹，单击【选择文件夹】按钮，如图 12-37 所示。

步骤 08　设置【目标】为文件夹，单击【选取】按钮，如图 12-38 所示。

步骤 09　在打开的【选择批处理目标文件夹】对话框中，指定处理后的文件的保存位置，单击【选择文件夹】按钮，如图 12-39 所示。

图 12-37　【选择批处理源文件夹】对话框

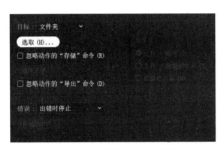

图 12-38　选择目标文件夹

图 12-39　【选择批处理目标文件夹】对话框

步骤 10　返回【批处理】对话框，单击【确定】按钮，如图 12-40 所示。

步骤 11　通过前面的操作，Illustrator 2022 开始自动处理图像，处理后的图像效果如图 12-41 所示。

图 12-40　【批处理】对话框

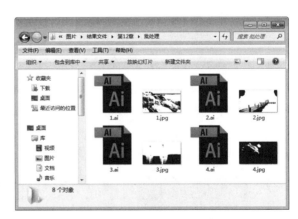

图 12-41　批处理结果

知识能力测试

本章讲解了 Web 设计、打印和任务自动化应用的基本方法，为对知识进行巩固和考核，接下来布置相应的练习题。

一、填空题

1. 在 Illustrator 2022 中，还可以创建动画，完成动画元素绘制后，将每个元素释放到单独的图层中，每一个图层为动画的一帧或一个动画文件，然后导出＿＿＿＿＿＿＿＿格式文件即可。

2. 执行【对象】→【切片】→【从参考线创建】命令，即可根据文档的＿＿＿＿＿＿＿＿创建切片。

3. 在图像编辑和调整过程中，常会用到重复的操作步骤，使用【动作】面板可以将常用操作集成为一个动作，并能够使用＿＿＿＿＿＿＿＿命令同时处理多个文件。

二、选择题

1.（　　）是指在不同硬件环境、不同操作系统、不同浏览器中都能够正常显示的颜色集合。

A. Web 安全色　　　　B. 文件打印　　　　C. 自动化处理　　　　D.【颜色】面板

2. 文档有多个连续页面，先打印最后一页，打印完成后不需手动重新排顺序，页面需要选中（　　）复选框。

A. 跳过空白页　　　　B. 忽略画板　　　　C. 自动旋转　　　　D. 逆页序打印

3. 使用（　　）可以将完整的网页图像划分为若干个小图像，在输出网页时，根据图像特性分别进行优化。

A. Web 安全色　　　　B.【切片工具】　　　　C. 封套　　　　D. 红色选区

三、简答题

1. 什么是 Web 安全色，如何选择 Web 安全色？

2. 如何隐藏和锁定切片？

Illustrator 2022

第13章
商业案例实训

　　Illustrator 2022 广泛应用于商业设计制作中，包括字体设计、插画设计、商业广告设计等。本章主要通过几个实例的讲解，来帮助用户加深对软件知识与操作技巧的理解，并熟练应用于商业案例中。

学习目标

- 熟练掌握文字效果的设计方法
- 熟练掌握海报设计的制作方法
- 熟练掌握插画设计的制作方法

13.1 文字效果设计

效果展示如图 13-1 所示。

效果展示

图 13-1 展示效果

思路分析

童年是五颜六色的，制作与童年有关的字体效果时，首先要考虑文字的色彩搭配，文字本身要有跳跃性。

本例首先使用【椭圆工具】制作文字效果的装饰背景；然后添加文字，并设置文字填充和描边，最后添加文字投影加强文字立体感，得到最终效果。

制作步骤

步骤 01 按组合键【Ctrl+N】，新建一个宽高均为 576mm 的文件，如图 13-2 所示。

步骤 02 选择工具箱中的【椭圆工具】，拖动鼠标绘制正圆形，填充绿色（#8FC31F），如图 13-3 所示。

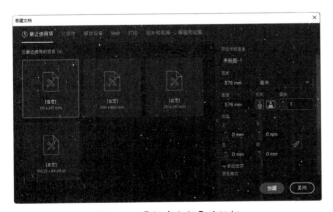

图 13-2 【新建文档】对话框

图 13-3 绘制圆形并填充绿色

步骤 03 继续使用【椭圆工具】，拖动鼠标绘制正圆形，填充橙色（#FABE00），如

图 13-4 所示。继续绘制一个较小的同心圆,并水平垂直居中对齐,如图 13-5 所示。

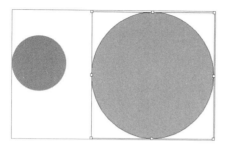

图 13-4　绘制正圆形并填充橙色

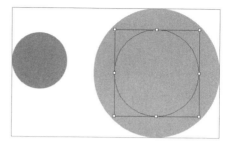

图 13-5　绘制同心圆

步骤 04　使用【选择工具】▶选择两个橙色图形,执行【对象】→【复合路径】→【建立】命令,建立复合路径,效果如图 13-6 所示。

步骤 05　复制多个图形,调整大小和位置,如图 13-7 所示。

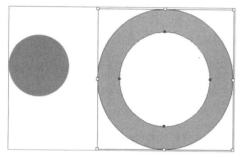

图 13-6　创建复合路径效果

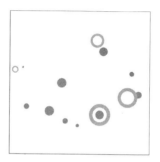

图 13-7　复制图形

步骤 06　继续复制圆形和圆环形,调整颜色为蓝色(#004FA3)、红色(#E40073),同时调整大小和位置,如图 13-8 所示。

步骤 07　继续使用【椭圆工具】◎,拖动鼠标绘制正圆形,分别填充为红色(#E40073)、蓝色(#004FA3)、绿色(#8FC31F)、橙色(#FABE00),在选项栏中,设置描边颜色为白色,描边粗细为3.5mm,如图 13-9 所示。

图 13-8　继续复制图形

图 13-9　继续绘制正圆形

步骤 08　选择工具箱中的【文字工具】T,在画板中输入文字"童年快乐",在选项栏中,设置字体为华文琥珀,调整位置和大小,【字体大小】分别为40pt、35pt、45pt和30pt,如图 13-10 所示。

步骤 09　使用【选择工具】选择"童"字，按组合键【Ctrl+C】复制文字，执行【编辑】→【贴在后面】命令，复制粘贴文字，如图 13-11 所示。

图 13-10　输入文字

图 13-11　复制粘贴文字

步骤 10　双击工具箱中的【描边】图标，在弹出的【拾色器】对话框中，设置描边颜色为白色，在选项栏中，设置描边粗细为 2mm，如图 13-12 所示。

步骤 11　使用相同的方法为其他几个文字进行描边，效果如图 13-13 所示。

图 13-12　描边"童"字

图 13-13　描边其他文字

步骤 12　双击工具箱中的【吸管工具】，在弹出的【吸管选项】对话框中，取消选中【焦点描边】复选框，单击【确定】按钮，如图 13-14 所示。

步骤 13　使用【选择工具】选择"童"字，选择【吸管工具】，在红色的圆圈处单击，复制填充效果，如图 13-15 所示。

图 13-14　【吸管选项】对话框

图 13-15　复制填充效果

步骤 14　使用相同的方法复制其他填充，效果如图 13-16 所示。在【图层】面板中，单击下方的"童"字项目右侧的图标，选择该对象，如图 13-17 所示。

图 13-16　复制其他填充　　　　　　　　　　图 13-17　选择下方"童"字

步骤 15　执行【效果】→【风格化】→【投影】命令，设置【X位移】和【Y位移】均为7pt，【模糊】为5pt，单击【确定】按钮，如图 13-18 所示。

步骤 16　使用相同的方法为其他文字添加投影，最终效果如图 13-19 所示。

图 13-18　【投影】对话框　　　　　　　　　　图 13-19　投影效果

13.2 马戏团宣传海报

效果展示如图 13-20 所示。

效果展示

图 13-20　展示效果

海报广告首先要根据宣传的内容确定设计意图，画面感要强，主题要明确。其次，要考虑到版面的构图细节。下面介绍如何制作小丑宣传海报。

本例首先制作海报背景图像，接下来添加素材图像和文字，最后制作装饰元素以丰富画面，得到最终效果。

制作步骤

步骤 01 按组合键【Ctrl+N】，新建一个宽高均为 800px 的文件。选择工具箱中的【矩形工具】，绘制和面板相同尺寸的矩形，单击工具箱中的【渐变】图标，打开【渐变】面板，设置【类型】为径向渐变，渐变色为白色到紫色（#C400FF），如图 13-21 所示。

步骤 02 通过前面的操作，得到渐变填充效果，如图 13-22 所示。

步骤 03 选择工具箱中的【矩形工具】，在画板中单击，在打开的【矩形】对话框中，设置【宽度】和【高度】均为 50px，单击【确定】按钮。填充黄色，并与渐变对象左顶部同时对齐，如图 13-23 所示。

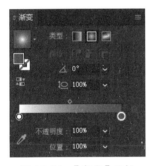
图 13-21 【渐变】面板

图 13-22 渐变填充效果

图 13-23 绘制矩形

步骤 04 执行【对象】→【变换】→【移动】命令，在打开的【移动】对话框中，设置【水平】为 100px，单击【复制】按钮，如图 13-24 所示。复制矩形如图 13-25 所示。

步骤 05 按组合键【Ctrl+D】6 次，再次复制图形 6 次，效果如图 13-26 所示。

图 13-24 【移动】对话框

图 13-25 复制矩形

图 13-26 多次复制对象

步骤 06　使用【选择工具】▷同时选择第一行对象，如图 13-27 所示。

步骤 07　执行【对象】→【变换】→【移动】命令，在打开的【移动】对话框中，设置【水平】和【垂直】均为 50px，单击【复制】按钮，得到效果如图 13-28 所示。

步骤 08　使用【选择工具】▷同时选择两行对象，如图 13-29 所示。

　图 13-27　选择第一行对象　　　　图 13-28　复制效果　　　　图 13-29　选择两行对象

步骤 09　执行【对象】→【变换】→【移动】命令，在打开的【移动】对话框中，设置【垂直】为 100px，单击【复制】按钮，得到复制图形，如图 13-30 所示。

步骤 10　按组合键【Ctrl+D】6 次，再次复制图形 6 次，效果如图 13-31 所示。

步骤 11　使用【选择工具】▷，拖动选择所有图形，按住【Shift】键，单击下方的渐变图形，减选图形，按组合键【Ctrl+G】，编组所有黄色图形。在【透明度】面板中，设置混合模式为【饱和度】，如图 13-32 所示。

 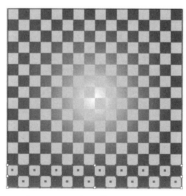 

　　图 13-30　复制图形　　　　图 13-31　多次复制图形效果　　　图 13-32　【透明度】面板

步骤 12　通过前面的操作，得到混合效果，如图 13-33 所示。打开"素材文件\第 13 章\小丑.ai"，将其拖动到当前文件中，移动到适当位置，如图 13-34 所示。

步骤 13　选择工具箱中的【文字工具】T，在图像中输入文字"小丑马戏团欢迎您的光临"，在选项栏中，设置字体为文鼎特粗宋简体，【字体大小】分别为 16pt 和 10pt，更改"您"文字颜色为红色（#E60012），如图 13-35 所示。

图 13-33　混合效果

图 13-34　添加小丑素材

图 13-35　添加文字

步骤 14　继续使用【文字工具】**T**，在图像中输入标点符号"！"，在选项栏中，设置【字体大小】为 100pt，字体为汉仪凌波体，如图 13-36 所示。

步骤 15　使用【矩形工具】**▣**绘制矩形对象，填充深紫色（#860DCC），如图 13-37 所示。执行【效果】→【扭曲和变换】→【粗糙化】命令，打开【粗糙化】对话框，设置【大小】为 5%，【细节】为 10，【点】为平滑，单击【确定】按钮，如图 13-38 所示。

图 13-36　添加标点符号

图 13-37　绘制矩形

图 13-38　【粗糙化】对话框

步骤 16　通过前面的操作，得到变形效果，如图 13-39 所示。按住【Alt】键，拖动复制到上方适当位置，如图 13-40 所示。

步骤 17　在【图层】面板中，单击定位图标，选择最底层的渐变对象，如图 13-41 所示。

图 13-39　变形效果

图 13-40　复制图形

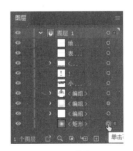

图 13-41　选择矩形

步骤 18　将其拖动到【创建新图层】按钮■，复制矩形。将拖动复制的矩形调整到最上方，如图 13-42 所示。

步骤 19　按住【Shift】键，依次单击定位图标◎，选择最上方三个对象，如图 13-43 所示。

步骤 20　在画板中右击，在弹出的快捷菜单中选择【建立剪切蒙版】命令，如图 13-44 所示。

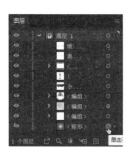

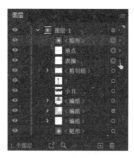

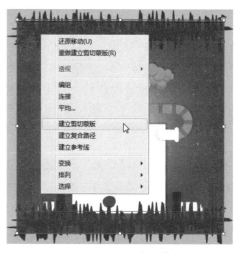

图 13-42　复制矩形调整顺序　　图 13-43　选择三个对象　　　　图 13-44　建立剪切蒙版

步骤 21　剪切蒙版效果如图 13-45 所示。

步骤 22　使用【文字工具】■，在图像中输入文字，在选项栏中，设置字体为华康海报体，【字体大小】为 8pt，文字颜色为白色，如图 13-46 所示。

图 13-45　剪切蒙版效果　　　　　　　　图 13-46　添加文字

13.3 绘制扁平风格插画

效果展示如图 13-47 所示。

效果展示

图 13-47　展示效果

思路分析

　　扁平化是近年来比较受欢迎的一种插画风格，因其去除了复杂的事物结构、阴影特征和纹理等，用简单的线条或色块概括外部轮廓，绘制出"平"的感觉，所以扁平化风格插画在视觉上呈现出简单、干净的特点。

　　本案例绘制扁平风格风景插画，首先绘制背景，接着绘制山脉和树木，然后绘制房子和树叶，最后绘制烟雾和云。

制作步骤

步骤 01　新建 800×600 的横向文档，使用【矩形工具】■绘制一个与画板相同大小的对象。单击工具栏底部的【渐变】按钮，打开【渐变】面板，设置【类型】为线性渐变，【角度】为 90°，渐变颜色分别为红色（#DB3548）、橙色（#FF9C68）、黄色（#F8E19D）、蓝色（#4CB2EB），如图 13-48 所示。

步骤 02　保持填充颜色不变，用【钢笔工具】✐在画板上绘制路径，如图 13-49 所示。

图 13-48　新建文件绘制渐变矩形

图 13-49　绘制路径

步骤 03　保持填充颜色不变，使用【钢笔工具】 绘制山脉，如图 13-50 所示。

步骤 04　选择山脉，打开【渐变】面板，设置【角度】为 135°，渐变颜色为湖蓝色（#0070CC）和浅蓝色（#5EC5D7），如图 13-51 所示。

图 13-50　绘制山脉

图 13-51　设置山脉颜色

步骤 05　继续使用【钢笔工具】 绘制山脉，填充颜色与步骤 04 中的填充颜色相同，如图 13-52 所示。

步骤 06　执行【窗口】→【图层】命令，打开【图层】面板，选择山脉所在的图层，将其移至背景图层上方，如图 13-53 所示。

图 13-52　绘制山脉

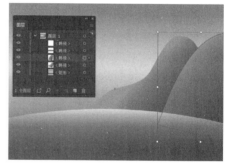

图 13-53　调整图层顺序

步骤 07　使用【椭圆工具】 ，按住【Shift】键绘制正圆对象，效果如图 13-54 所示。

步骤 08　打开【季节】色板，为正圆填充【夏季红色】，绘制太阳，如图 13-55 所示。

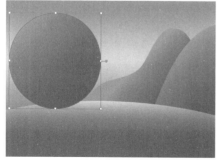

图 13-54　绘制正圆

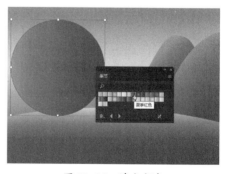

图 13-55　填充颜色

步骤 09　选择太阳，右击鼠标，在弹出的快捷菜单中选择【排列】→【置于底层】命令，将其置于底层；再次右击鼠标，选择【排列】→【前移一层】命令，将其置于背景图层上方，并移动其位置，如图 13-56 所示。

步骤 10　使用【多边形工具】■拖动鼠标进行绘制，按住【$】键将边数减少为 3 条，绘制三角形对象。打开【渐变】面板，设置【角度】为 90°，颜色为墨绿色（#183043）和湖绿色（#007C8F），如图 13-57 所示。

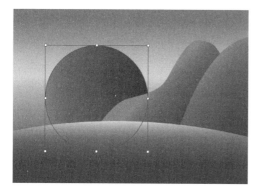

图 13-56　调整图层顺序和对象位置

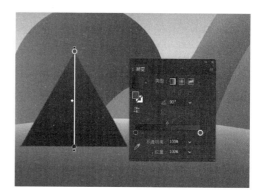

图 13-57　设置三角形渐变颜色

步骤 11　使用【直接选择工具】■调整三角形形状，如图 13-58 所示。按住【Alt】键移动复制对象，适当移动位置，按组合键【Ctrl+G】将其编组，如图 13-59 所示。

步骤 12　在【图层】面板中拖动树木编组图层到太阳对象图层上方，如图 13-60 所示。

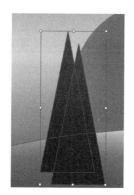
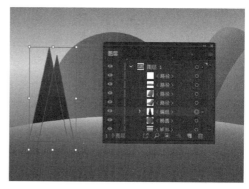

图 13-58　调整三角形形状　图 13-59　复制并移动对象　　　图 13-60　调整图层顺序

步骤 13　选择编组对象，按【Alt】键移动复制对象到合适的位置，如图 13-61 所示。

步骤 14　使用【多边形工具】■绘制三角形对象，并调整其形状，将其放在画板左侧，如图 13-62 所示。

步骤 15　保持三角形对象的选中状态，执行【效果】→【扭曲和变换】→【粗糙化】命令，打开【粗糙化】对话框，设置参数变形对象，如图 13-63 所示。

步骤 16　使用【钢笔工具】■绘制路径，将其放在适当的位置，保持路径的选中状态，打开【渐变】面板，设置颜色为深绿色（#2975D3）和青绿色（#001F54），如图 13-64 所示。

图 13-61　复制移动对象

图 13-62　调整对象形状

图 13-63　设置参数

图 13-64　设置渐变颜色

步骤 17　用【钢笔工具】绘制 2 条路径，并填充蓝色和绿色渐变，如图 13-65 所示。

步骤 18　选择绘制的路径对象，单击工具栏中的【渐变工具】图标，调整渐变效果，如图 13-66 所示。

图 13-65　绘制路径并填充渐变

图 13-66　调整渐变效果

步骤 19　使用【椭圆工具】绘制椭圆，并在【渐变】面板中设置渐变颜色为深蓝绿色（#001F3D）和蓝绿色（#005C8A），如图 13-67 所示。

步骤 20　使用【直线段工具】在椭圆对象上绘制直线段，并设置描边颜色为黑色，描边粗细为2pt，选择直线段对象和椭圆对象，按组合键【Ctrl+G】编组对象，如图13-68所示。

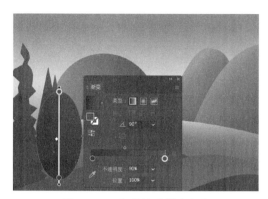
图 13-67 绘制椭圆创建渐变

图 13-68 绘制线段编组对象

步骤21 使用【椭圆工具】◎绘制2个椭圆对象，并在【渐变】面板中设置绿色渐变，如图13-69所示。

步骤22 使用【椭圆工具】◎按住【Shift】键绘制正圆，并填充橙黄色，如图13-70所示。

图 13-69 绘制椭圆填充渐变

图 13-70 绘制正圆填充渐变

步骤23 保持对象的选中状态，执行【效果】→【扭曲和变换】→【粗糙化】命令，打开【粗糙化】对话框，设置参数，如图13-71所示。

步骤24 用【剪刀工具】✂在椭圆两侧的中部单击鼠标，分割对象，如图13-72所示。

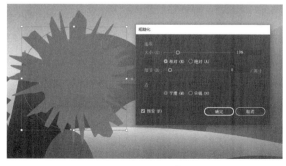
图 13-71 设置参数

图 13-72 分割对象

步骤 25 选择椭圆下半部分对象，按【Delete】键删除，并将其放在画板左下角，如图 13-73 所示。

步骤 26 选中对象，选择【选择工具】，按【Alt】键移动复制对象，调整大小、位置和颜色，如图 13-74 所示。

图 13-73 移动对象位置

图 13-74 复制调整对象

步骤 27 选择绿色渐变椭圆对象，移动并复制对象到合适的位置，调整其大小，如图 13-75 所示。

步骤 28 使用【矩形工具】绘制矩形对象，并填充浅灰色，如图 13-76 所示。

图 13-75 复制调整对象

图 13-76 绘制矩形并填色

步骤 29 使用【矩形工具】绘制矩形对象，并填充橘红色，如图 13-77 所示。

步骤 30 选择【倾斜工具】，在矩形右上角拖动鼠标倾斜矩形，使其变形为平行四边形，如图 13-78 所示。使用【直线段工具】在平行四边形上绘制直线段，设置描边颜色为黑色，描边粗细为 1pt，如图 13-79 所示。

图 13-77 绘制矩形并填色

图 13-78 倾斜矩形

图 13-79 绘制直线段

步骤 31　保持直线段的选中状态，按【Alt】键移动复制直线段，按组合键【Ctrl+D】再次变换对象，如图 13-80 所示。

步骤 32　使用【矩形工具】绘制矩形对象，并填充橘红色，将其与平行四边形对象对齐，如图 13-81 所示。选择【倾斜工具】，拖动控制点到左上角的位置，拖动鼠标倾斜对象，如图 13-82 所示。

图 13-80　复制直线段　　　　图 13-81　绘制矩形并填色　　　　图 13-82　倾斜对象

步骤 33　使用【钢笔工具】绘制三角形对象，并填充蓝灰色，如图 13-83 所示。

步骤 34　使用【钢笔工具】绘制矩形，并填充蓝灰色，如图 13-84 所示。使用【矩形工具】绘制黑色的门窗，如图 13-85 所示。选中房子的所有元素，按组合键【Ctrl+G】编组对象。

图 13-83　绘制三角形并填色　　　图 13-84　绘制矩形并填色　　　图 13-85　绘制门窗

步骤 35　在【图层】面板中调整房子的排列顺序，如图 13-86 所示。在房子右侧绘制不同类型的树木，如图 13-87 所示。

步骤 36　使用【曲率工具】绘制形状，在【渐变】面板中设置渐变颜色为深绿色（#004641）和绿色（#006D41），如图 13-88 所示。

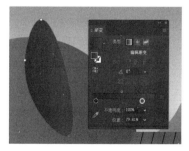

图 13-86　调整排列顺序　　　　图 13-87　绘制树木　　　图 13-88　绘制叶子填充渐变色

步骤37 保持对象的选中状态，复制对象，并调整对象角度。使用【钢笔工具】 绘制路径，设置描边颜色为黑色，描边粗细为1pt，再将对象编组，完成叶子的绘制，将其放在适当的位置，如图13-89所示。

步骤38 使用【曲率工具】 和【钢笔工具】 继续绘制叶子对象，如图13-90所示。使用【矩形工具】 在房顶绘制白色烟囱，并调整对象的排列顺序，如图13-91所示。

图 13-89　绘制叶子

图 13-90　绘制叶子

图 13-91　绘制烟囱

步骤39 选择【斑点画笔工具】 ，设置填充色为白色，绘制烟雾，并降低对象不透明度，完成烟雾效果的绘制，如图13-92所示。

步骤40 使用【钢笔工具】 绘制路径，设置填充色为白色，绘制白云，完成风景插画的绘制，效果如图13-93所示。

图 13-92　绘制烟雾

图 13-93　绘制白云

Illustrator 2022

工具快捷键

工具名称	快捷键	工具名称	快捷键
选择工具	V	直接选择工具	A
魔棒工具	Y	套索工具	Q
钢笔工具	P	添加锚点工具	+
删除锚点工具	－	曲率工具	Shift+~
锚点工具	Shift+C	文字工具	T
修饰文字工具	Shift+T	直线段工具	\
矩形工具	M	椭圆工具	L
画笔工具	B	铅笔工具	N
斑点画笔工具	Shift+B	橡皮擦工具	Shift+E
Sharper 工具	Shift+N	旋转工具	R
剪刀工具	C	比例缩放工具	S
镜像工具	O	变形工具	Shift+R
宽度工具	Shift+W	形状生成器工具	Shift+M
自由变换工具	E	实时上色选择工具	Shift+L
实时上色工具	K	透视选区工具	Shift+V
透视网格工具	Shift+P	渐变工具	G
网格工具	U	混合工具	W
吸管工具	I	柱形图工具	J
符号喷枪工具	Shift+S	切片工具	Shift+K
画板工具	Shift+O	缩放工具	Z
抓手工具	H	互换填色和描边	Shift+X
默认填色和描边	D	渐变	>
颜色	<	正常绘图	Shift+D
无/	T	内部绘图	Shift+D
背面绘图	Shift+D	更改屏幕模式	F

Illustrator 2022

1. 【文件】菜单快捷键

文件命令	快捷键	文件命令	快捷键
新建	Ctrl+N	从模板新建	Shift+Ctrl+N
打开	Ctrl+O	在 Bridge 中浏览	Alt+Ctrl+O
关闭	Ctrl+W	退出	Ctrl+Q
存储	Ctrl+S	存储为	Shift+Ctrl+S
存储副本	Alt+Ctrl+S	存储为 Web所用格式	Alt+Shift+Ctrl+S
恢复	F12	置入	Shift+Ctrl+P
打包	Alt+Shift+Ctrl+P	文档设置	Alt+Ctrl+P
文件信息	Alt+Shift+Ctrl+I	打印	Ctrl+P

2. 【编辑】菜单快捷键

编辑命令	快捷键	编辑命令	快捷键
还原	Ctrl+Z	重做	Shift+Ctrl+Z
剪切	Ctrl+X 或 F2	复制	Ctrl+C 或 F3
粘贴	Ctrl+V 或 F4	粘在前面	Ctrl+F
贴在后面	Ctrl+B	就地粘贴	Shift+Ctrl+V
在所有画板上粘贴	Alt+Shift+Ctrl+V	拼写检查	Ctrl+I
颜色设置	Shift+Ctrl+K	键盘快捷键	Alt+Shift+Ctrl+K
首选项	Ctrl+K		

3. 【对象】菜单快捷键

对象命令	快捷键	对象命令	快捷键
再次变换	Ctrl+D	移动	Shift+Ctrl+M
分别变换	Alt+Shift+Ctrl+D	置于顶层	Shift+Ctrl+]
前移一层	Ctrl+]	后移一层	Ctrl+[
置于底层	Shift+Ctrl+[	编组	Ctrl+G
取消编组	Shift+Ctrl+G	锁定→所选对象	Ctrl+2
全部解锁	Alt+Ctrl+2	隐藏→所选对象	Ctrl+3
显示全部	Alt+Ctrl+3	路径→连接	Ctrl+J
路径→平均	Alt+Ctrl+J	编辑图案	Shift+Ctrl+F8

续表

对象命令	快捷键	对象命令	快捷键
混合→建立	Alt+Ctrl+B	混合→释放	Alt+Shift+Ctrl+B
封套扭曲→用变形建立	Alt+Shift+Ctrl+W	封套扭曲→用网格建立	Alt+Ctrl+W
封套扭曲→用顶层对象建立	Alt+Ctrl+C	实时上色→建立	Alt+Ctrl+X
剪切蒙版→建立	Ctrl+7	剪切蒙版→释放	Alt+Ctrl+7
复合路径→建立	Ctrl+8	复合路径→释放	Alt+Shift+Ctrl+8

4. 【文字】菜单快捷键

文字命令	快捷键	文字命令	快捷键
创建轮廓	Shift+Ctrl+O	显示隐藏字符	Alt+Ctrl+I

5. 【选择】菜单快捷键

选择命令	快捷键	选择命令	快捷键
全部	Ctrl+A	现用画板上的全部对象	Alt+Ctrl+A
取消选择	Shift+Ctrl+A	重新选择	Ctrl+6
上方的下一个对象	Alt+Ctrl+]	下方的下一个对象	Alt+Ctrl+[

6. 【效果】菜单快捷键

效果命令	快捷键	效果命令	快捷键
应用上一个效果	Shift+Ctrl+E	上一个效果	Alt+Shift+Ctrl+E

7. 【视图】菜单快捷键

视图命令	快捷键	视图命令	快捷键
轮廓/预览	Ctrl+Y	叠印预览	Alt+Shift+Ctrl+Y
像素预览	Alt+Ctrl+Y	放大	Ctrl++
缩小	Ctrl+-	画板适合窗口大小	Ctrl+0
全部适合窗口大小	Alt+Ctrl+0	实际大小	Ctrl+1
隐藏边缘	Ctrl+H	隐藏画板	Shift+Ctrl+H
隐藏模板	Shift+Ctrl+W	显示标尺	Ctrl+R
更改为画板标尺	Alt+Ctrl+R	隐藏定界框	Shift+Ctrl+B
显示透明度网格	Shift+Ctrl+D	隐藏文本串接	Shift+Ctrl+Y

续表

视图命令	快捷键	视图命令	快捷键
隐藏渐变批注者	Alt+Ctrl+G	隐藏参考线	Ctrl+;
锁定参考线	Alt+Ctrl+;	建立参考线	Ctrl+5
释放参考线	Alt+Ctrl+5	智能参考线	Ctrl+U
隐藏网格	Shift+Ctrl+I	显示网格	Ctrl+"
对齐网格	Shift+Ctrl+"	对齐点	Alt+Ctrl+"
在CPU上预览	Ctrl+E		

8.【窗口】菜单快捷键

窗口命令	快捷键	窗口命令	快捷键
信息	Ctrl+F8	变换	Shift+F8
图层	F7	图形样式	Shift+F5
外观	Shift+F6	对齐	Shift+F7
特性	Ctrl+F11	描边	Ctrl+F10
OpenType	Alt+Shift+Ctrl+T	制表符	Shift+Ctrl+T
字符	Ctrl+T	段落	Alt+Ctrl+T
渐变	Ctrl+F9	画笔	F5
符号	Shift+Ctrl+F11	路径查找器	Shift+Ctrl+F9
透明度	Shift+Ctrl+F10	颜色	F6
颜色参考	Shift+F3		

9.【帮助】菜单快捷键

帮助命令	快捷键
Illustrator 帮助	F1

Illustrator 2022

为了强化学生的上机操作能力，专门安排了以下上机实训项目，教师可以根据教学进度与教学内容，合理安排学生上机训练操作的内容。

实训一：制作奥运五环

在 Illustrator 2022 中，制作如图 C-1 所示的奥运五环效果。

素材文件	无
结果文件	上机实训\结果文件\实训一.psd

图 C-1　五环效果

操作提示

在制作奥运五环效果的实例操作中，主要使用了【椭圆】工具◉、【直接选择】工具▶、【填色】等知识内容。主要操作步骤如下。

（1）在画板中，使用【椭圆工具】◉按住【Shift】键绘制一个 30mm×30mm 的正圆形，如图 C-2 所示。

（2）选择正圆，在选项栏单击【描边】下拉按钮，单击选择 5pt，设置描边宽度为 5pt，如图 C-3 所示。

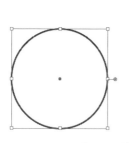

图 C-2　绘制正圆

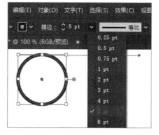

图 C-3　设置描边宽度

（3）选择正圆，在选项栏单击【边框颜色】下拉按钮，单击选择蓝色，如图 C-4 所示。

（4）使用【选择工具】▶选中矩形和所有正圆，按住【Alt】键向右拖动，复制正圆如图 C-5 所示。

（5）设置复制的圆为黑色，如图 C-6 所示。

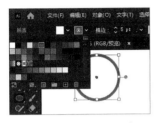

图 C-4 设置正圆颜色

图 C-5 复制正圆

图 C-6 更换颜色

（6）向右复制圆，更换为红色，如图 C-7 所示。

（7）向下依次复制 2 个圆，依次更换为黄色和绿色，如图 C-8 所示。

图 C-7 复制圆更换颜色 1

图 C-8 复制圆更换颜色 2

（8）选择下方两个圆，选择【直接选择工具】，按住【Shift】键依次选择要打断的锚点，在选项栏单击【在所选锚点处剪切路径】按钮，如图 C-9 所示。

（9）选择黄色圆左上方线段，右击打开快捷菜单，指向【排列】下拉命令，单击【置于底层】命令，如图 C-10 所示。

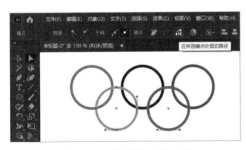

图 C-9 选择要打断的锚点

图 C-10 选择对象排列顺序 1

（10）选择黄色圆右上方线段，右击打开快捷菜单，指向【排列】下拉命令，单击【置于顶层】命令，如图 C-11 所示。

（11）依次选择线段调整排列顺序，选择绿色圆右上方线段，右击打开快捷菜单，指向【排列】下拉命令，单击【置于顶层】命令，如图 C-12 所示。

图 C-11 选择对象排列顺序 2

图 C-12 选择对象排列顺序 3

（12）完成奥运五环的绘制，效果如图 C-13 所示。

图 C-13　显示效果

实训二：添加霞光效果

在 Illustrator 2022 中，制作如图 C-14 所示的霞光效果。

素材文件	上机实训\素材文件\实训二.jpg
结果文件	上机实训\结果文件\实训二.psd

图 C-14　霞光效果

操作提示

在绘制此图的操作中，主要使用了【标尺及参考线的定位】【选区的创建与编辑】【描边】等知识。主要操作步骤如下。

（1）置入素材文件"风景.jpg"。

（2）使用【矩形工具】▣绘制和风景图像相同大小的矩形。

（3）为矩形填充黑白径向渐变色，如图 C-15 所示。

（4）使用【渐变工具】▣调整渐变的位置，如图 C-16 所示。

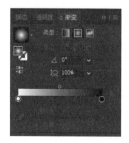

图 C-15　填充黑白径向渐变色

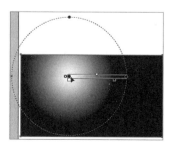

图 C-16　调整渐变的位置

（5）同时选中所有图形，在【透明度】面板中，单击【制作蒙版】按钮，选中【反相蒙版】复选框即可。

实训三：绘制花朵效果

在 Illustrator 2022 中，绘制如图 C-17 所示的花朵图形效果。

素材文件	无
结果文件	上机实训\结果文件\实训三.psd

图 C-17　花朵图形效果

操作提示

在绘制花朵图形的实例操作中，主要使用了【钢笔工具】 、渐变颜色的编辑与填充、图像的自由变换等知识。主要操作步骤如下。

（1）使用【钢笔工具】 绘制星形，在【渐变】面板中设置线性渐变填充，渐变色为浅粉色到粉色，如图 C-18 所示。

（2）使用【旋转工具】 变换图形，移动变换中心到下方，按住【Alt】键拖动复制图形，如图 C-19 所示。

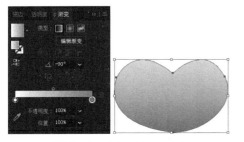

图 C-18　为图形设置渐变

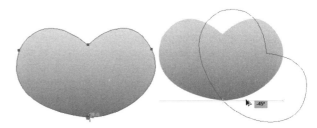

图 C-19　拖动复制图形

（3）按组合键【Ctrl+D】多次，多次复制图形，选中多个图形，按组合键【Ctrl+G】群组图形，如图 C-20 所示。

（4）使用【椭圆工具】 绘制圆形，填充径向橙黄色渐变，复制多个圆形，移动到适当位置。按组合键【Ctrl+G】群组圆形，移动到粉色花瓣上方，如图 C-21 所示。

图 C-20　群组图形

图 C-21　群组圆形

实训四：制作图章

在 Illustrator 2022 中，制作如图 C-22 所示的图章效果。

素材文件	无
结果文件	上机实训\结果文件\实训四.psd

图 C-22　图章效果

操作提示

在制作图章的实例操作中，主要使用了【椭圆工具】◎、【星形工具】☆、【钢笔工具】✐、【路径文字工具】✎、【文字工具】T 等知识。主要操作步骤如下。

（1）使用【椭圆工具】◎绘制圆形，如图 C-23 所示。

（2）选择圆形，设置描边宽度为 6pt，描边颜色为红，效果如图 C-24 所示。

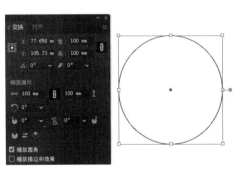

图 C-23　绘制圆形

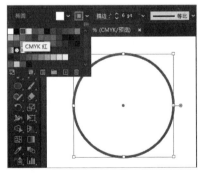

图 C-24　设置描边宽度和颜色

（3）选择【星形工具】☆在圆内绘制五角星，如图 C-25 所示。填充五角星为红色，如图 C-26 所示。

（4）使用【钢笔工具】绘制路径，如图 C-27 所示。选择【路径文字工具】，如图 C-28 所示。

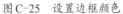

图 C-25　设置边框颜色

图 C-26　填充图形颜色

图 C-27　绘制路径

（5）单击路径，输入文字内容，如图 C-29 所示。

（6）在选项栏单击【字符】按钮，在打开的面板中单击【字距】后的下拉按钮，选择 100%，如图 C-30 所示。

图 C-28　选择工具

图 C-29　输入路径文字

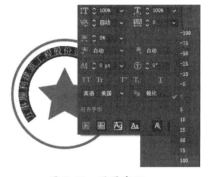

图 C-30　设置字距

（7）选择路径文字，设置颜色为红色，如图 C-31 所示。

（8）使用【文字工具】输入时间，移动到适当位置，最终效果如图 C-32 所示。

图 C-31　设置文字颜色

图 C-32　显示效果

实训五：制作抽象蜗牛图像特效

在 Illustrator 2022 中，制作如图 C-33 所示的抽象蜗牛效果。

素材文件	无
结果文件	上机实训\结果文件\实训五.psd

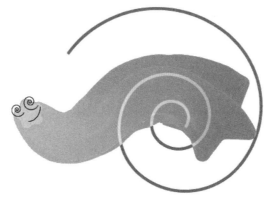

图 C-33　抽象蜗牛效果

操作提示

　　在制作抽象蜗牛图像特效的实例操作中，主要使用了【星形工具】☆、【混合工具】🐾、【螺旋线工具】◎、【弧形工具】↗、【图层混合】等知识。主要操作步骤如下。

　　（1）使用【星形工具】☆绘制星形，填充绿色。使用【直接选择工具】▶拖动实时转角控件，调整星形形状，如图 C-34 所示。

　　（2）复制星形，拖动实时转角控件，调整星形形状。设置填充为浅蓝色，描边为黄色，如图 C-35 所示。

　　（3）使用【混合工具】🐾依次单击两个图形，得到混合图形。使用【钢笔工具】✐绘制路径，同时选择两个图形，如图 C-36 所示。执行【对象】→【混合】→【替换混合轴】命令，再水平翻转图形，效果如图 C-37 所示。

图 C-34　绘制星形

图 C-35　设置描边颜色

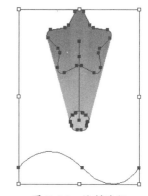

图 C-36　绘制路径

　　（4）使用【螺旋线工具】◎和【弧形工具】↗绘制眼睛、嘴巴和身体，选择身体部分的螺旋线图形，在【透明度】面板中，更改【混合模式】为颜色减淡。

图 C-37　水平翻转图形

实训六：制作云彩图案效果

在 Illustrator 2022 中，制作如图 C-38 所示的云彩图案效果。

素材文件	无
结果文件	上机实训\结果文件\实训六.psd

图 C-38　云彩图案效果

操作提示

在制作云彩图案效果的操作中，主要使用了【螺旋线工具】、复制变换操作、【色板】面板、【矩形工具】等知识。主要操作步骤如下。

（1）使用【螺旋线工具】绘制螺旋线图形，使用【直接选择工具】选中最内侧的锚点，按【Delete】键删除，如图 C-39 所示。

（2）按组合键【Ctrl+C】复制图像，按组合键【Ctrl+F】粘贴到前面，适当放大和旋转图形，旋转锚点后，使用【直接选择工具】选择两条螺旋线内侧相接的两个锚点，执行【对象】→【路径】→【连接】命令，使用相同的方法连接外侧两个锚点，如图 C-40 所示。

图 C-39　绘制螺旋线图形

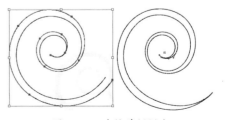

图 C-40　连接外侧锚点

（3）多次复制图形并调整大小和位置，选中所有图形后，按组合键【Ctrl+G】群组图形，设置填充为白色，描边为无，如图C-41所示。把图形拖动到【色板】面板上，新建图案如图C-42所示。

图 C-41 群组图形

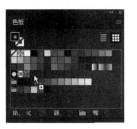

图 C-42 新建图案

（4）使用【矩形工具】▣绘制矩形对象，填充蓝色，按组合键【Ctrl+C】复制图形，按组合键【Ctrl+F】粘贴到前面，在【色板】面板中单击刚才创建的云彩图案，为矩形填充云彩图案。

实训七：绘制灯笼效果

在Illustrator 2022中，制作如图C-43所示的灯笼效果。

素材文件	无
结果文件	上机实训\结果文件\实训七.psd

图 C-43 灯笼效果

操作提示

在制作灯笼的实例操作中，主要使用了【椭圆工具】◉、【混合工具】🔖、【比例缩放工具】🔳、【渐变填充】▣、【文字工具】🅣、【钢笔工具】✎等知识。主要操作步骤如下。

（1）使用【椭圆工具】◉绘制椭圆图形，填充红色。双击工具箱的【比例缩放工具】🔳，设置比例缩放为不等比，【水平】为10%，【垂直】为100%，单击【复制】按钮，复制图形后，填充黄色，如图C-44所示。

（2）执行【对象】→【混合】→【建立】命令，再次执行【对象】→【混合】→【混合选项】命令，设置【指定的步数】为4，如图C-45所示。

图 C-44　绘制椭圆图形并填充黄色

图 C-45　设置指定的步数

（3）使用【矩形工具】■绘制矩形，填充红色到黄色的径向渐变，如图 C-46 所示。使用【钢笔工具】✐绘制路径，设置描边粗细为 3pt，描边颜色为红色。同时复制线条和矩形到下方，如图 C-47 所示。

（4）更改下方的线条颜色为橙色，复制一条到右侧，同时选中两条线条，执行【对象】→【混合】→【建立】命令，再次执行【对象】→【混合】→【混合选项】命令，设置【指定的步数】为 10，如图 C-48 所示。

（5）使用【文字工具】Ⓣ输入文字"春节"，在选项中，设置【填充】为红色，【描边】为黄色，描边粗细为 2pt，设置字体为超粗圆，【字体大小】为 72pt，如图 C-49 所示。

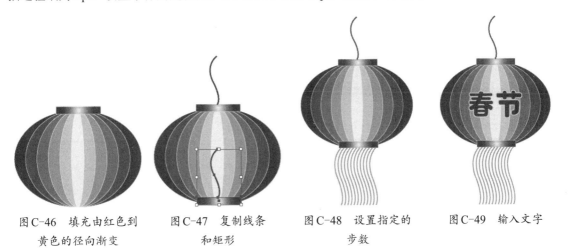

图 C-46　填充由红色到　　图 C-47　复制线条　　图 C-48　设置指定的　　图 C-49　输入文字
　黄色的径向渐变　　　　　和矩形　　　　　　　步数

实训八：制作可爱文字效果

在 Illustrator 2022 中，制作如图 C-50 所示的可爱文字效果。

素材文件	无
结果文件	上机实训\结果文件\实训八.psd

图 C-50 可爱文字效果

操作提示

在制作可爱文字效果的实例操作中，主要使用了【矩形工具】▣、【网格工具】▨、【直接选择工具】▶、【文字工具】T 等知识。主要操作步骤如下。

（1）使用【矩形工具】▣绘制矩形，使用【网格工具】▨创建网格，使用【直接选择工具】▶分别选择网格点，填充蓝色和黄色。

（2）使用【文字工具】T 输入"SO Cute"，设置【填充】为浅黄色，【描边】为蓝色，描边粗细为 2pt，在选项栏中，设置字体为 Jokerman，【字体大小】为 72pt。

（3）复制文字，更改后面的文字颜色为深蓝色，稍微错位摆放。

（4）使用【矩形工具】▣绘制矩形，填充暗黄色。执行【效果】→【扭曲和变换】→【粗糙化】命令，粗糙化图形边缘，移动到最下方。

实训九：数字之眼效果

在 Illustrator 2022 中，制作如图 C-51 所示的数字之眼效果。

素材文件	无
结果文件	上机实训\结果文件\实训九.psd

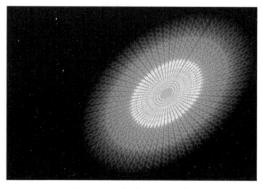

图 C-51 数字之眼效果

操作提示

在制作数字之眼的实例操作中，主要使用了【椭圆工具】 ⬤ 、【路径文字工具】 ✓ 、【创建轮廓】、【缩放命令】、【渐变填充】、【倾斜命令】等知识。主要操作步骤如下。

（1）使用【椭圆工具】 ⬤ 绘制椭圆图形。

（2）使用【路径文字工具】 ✓ 在椭圆上输入数字"8"，多次输入直到填完整条路径，执行【文字】→【创建轮廓】命令，如图 C-52 所示。

（3）执行【对象】→【变换】→【缩放】命令，在【比例缩放】对话框中，设置【比例缩放】为20%，单击【复制】按钮，将图像复制一份，如图 C-53 所示。

（4）执行【对象】→【混合】→【建立】命令，再执行【对象】→【混合】→【混合选项】命令，在弹出的对话框中设置【指定的步数】为10，效果如图 C-54 所示。

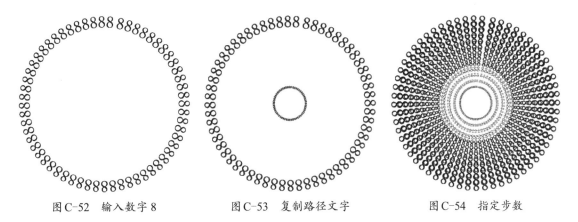

图 C-52 输入数字 8　　　图 C-53 复制路径文字　　　图 C-54 指定步数

（5）使用【椭圆工具】 ⬤ 绘制圆形，填充径向渐变色为黄色、浅蓝色、蓝色，如图 C-55 所示。选择所有图形，执行【对象】→【变换】→【倾斜】命令，设置【倾斜角度】为25°，效果如图 C-56 所示。

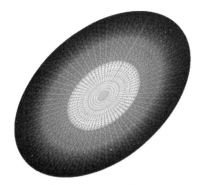

图 C-55 修改渐变色　　　　　　图 C-56 设置倾斜角度

（6）使用【矩形工具】 ▣ 绘制矩形，移动到最下层，填充蓝色。

实训十：制作卡通礼物盒效果

在 Illustrator 2022 中，制作如图 C-57 所示的卡通礼物盒效果。

素材文件	无
结果文件	上机实训\结果文件\实训十 .psd

图 C-57　卡通礼物盒效果

操作提示

在制作卡通礼物盒效果的实例操作中，主要使用了【矩形工具】■、【直接选择工具】▶、【符号面板】等知识。主要操作步骤如下。

（1）新建文档，绘制矩形，在左侧继续绘制矩形，如图 C-58 所示。

（2）选择【直接选择工具】▶，选择左侧矩形的左侧两个锚点，按住矩形左侧垂直线向上拖动，绘制矩形，如图 C-59 所示。

（3）绘制矩形，使用【直接选择工具】▶调整矩形，如图 C-60 所示。

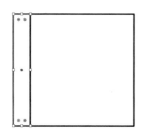

图 C-58　绘制矩形

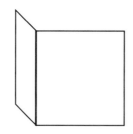

图 C-59　调整矩形形状

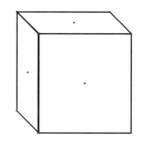

图 C-60　绘制并调整矩形形状

（4）选择三个矩形，单击工具箱左下角的【填色】按钮□，打开【拾色器】对话框，选择颜色，单击【确定】按钮，如图 C-61 所示。

（5）填充颜色，设置边框颜色为"无"，如图 C-62 所示。

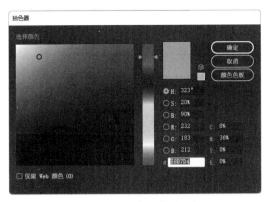

图 C-61 【拾色器】对话框

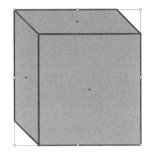

图 C-62 填充颜色

（6）新建矩形，填充为白色，设置边框颜色为"无"，如图 C-63 所示。

（7）新建矩形，填充为白色，设置边框颜色为"无"，如图 C-64 所示。

（8）新建两个矩形，填充为白色，设置边框颜色为"无"，如图 C-65 所示。

图 C-63 绘制矩形 1

图 C-64 绘制矩形 2

图 C-65 绘制矩形 3

（9）打开【符号】面板，选择【庆祝】命令打开【庆祝】面板，如图 C-66 所示。

（10）拖动五角星气球到图形中，移动到适当位置，如图 C-67 所示。

（11）拖动气球到图形中，移动到适当位置，选择蝴蝶结并拖动到图形中，然后移动到适当位置，如图 C-68 所示。

图 C-66 打开【庆祝】面板

图 C-67 绘制气球

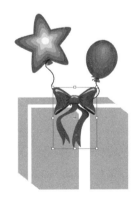

图 C-68 添加蝴蝶结

Illustrator 2022

（全卷：100 分　答题时间：120 分钟）

得分	评卷人

一、选择题（每题 2 分，共 23 小题，共计 46 分）

1. Illustrator 2022 新增了更多实用功能，包括（　　）、共享以供注释、发现面板等。

A. 应用 3D 效果（技术预览）　　　　　　B. 用文本创建列表

C. 文字工具　　　　　　　　　　　　　　D. 专业插画

2.（　　）是指从单击位置开始，并随着字符输入而扩展的横排或直排文本，创建的每行文本都是独立的。

A. 块文本　　　　B. 点文本　　　　C. 横排文本　　　　D. 直排文本

3. 执行【窗口】→【对齐】命令或按组合键（　　），将打开【对齐】面板。

A.【Shift+0】　　　B.【Shift+F2】　　　C.【Shift+F5】　　　D.【Shift+F7】

4. 执行【视图】→【对齐点】命令，可以启用点对齐功能，此后移动对象时，可将其对齐到（　　）和参考线上。

A. 线条　　　　B. 对象内部　　　　C. 锚点　　　　D. 对象边缘

5. 拖动【螺旋线工具】◎绘制螺旋线时，按住鼠标可以旋转螺旋线；按下（　　）键，可以调整螺旋线的方向。

A.【C】　　　　B.【E】　　　　C.【D】　　　　D.【R】

6.【自由变换工具】▦是一个综合变换工具，可以对图形进行移动、旋转、缩放、扭曲和（　　）。

A. 透视变形　　　　B. 镜像　　　　C. 反转　　　　D. 依次排列

7.（　　）是在两个对象之间平均分布形状或颜色，从而形成新的对象。

A. 混合对象　　　B. 渐变对象　　　C. 编组对象　　　D. 组合对象

8.【吸管工具】✐可以在对象间复制（　　），其中包括文字对象的字符、段落、填色和描边属性。

A. 颜色值　　　　B. 填充值　　　　C. 外观属性　　　　D. 轮廓颜色

9. 如果文本超过了该区域所能容纳的数量，将在该区域底部附近出现一个带（　　）的小方框，拖动文本框的控制点，放大文本框后，即可显示隐藏的文字。

A. 句号　　　　B. 感叹号　　　　C. 加号　　　　D. 减号

10.【符号】面板中包含多种预设符号，可以从（　　）或创建的库中添加符号。

A. 符号库　　　　B. 选项栏　　　　C. 工具箱　　　　D. 属性面板

11. 在默认情况下图层缩览图以（　　）尺寸显示，在【图层】快捷菜单中，选择【面板选项】命令，弹出【图层面板选项】对话框，在【行大小】栏中启用不同的选项，能够得到不同尺寸的图层缩览图。

A. 缩略图　　　　B. 大　　　　C. 中　　　　D. 小

12. 要停用蒙版，在【图层】面板中定位被蒙版对象，然后按住（　　）键并单击【透明度】面板中蒙版对象的缩览图。

    A.【Enter】   B.【Shift】   C.【Tab】   D.【Caps Lock】

13. 凸出厚度是用来设置对象沿（　　）挤压的厚度，该值越大，对象的厚度越大；其中，不同厚度参数的同一对象挤压效果不同。

    A. XL轴   B. Z轴   C. X轴   D. Y轴

14. （　　）滤镜可以描绘颜色的边缘，并向其添加类似霓虹灯照的边缘光亮。

    A.【锐化】   B.【查找边缘】   C.【照亮边缘】   D.【边缘】

15. 选择符号实例后，单击属性栏中的【断开符号链接】按钮，或者执行【对象】→（　　）命令，也能够断开符号链接。

    A.【扩展】   B.【取消编组】   C.【栅格化】   D.【扩展外观】

16. 图表以可视直观的方式显示（　　），用户可以创建 9 种不同类型的图表并自定义这些图表，以满足创建者的需要。

    A. 对象轮廓   B. 统计信息   C. 对象颜色   D. 对象组成

17. 单击工具箱中的【切片工具】，在网页上单击并拖动鼠标左键，释放鼠标，即可创建（　　），其中，淡红色标识为自动切片。

    A. 红色选区   B. 切片   C. 自动切片   D. 选区

18. 动作的所有操作都可以在（　　）面板中完成，包括新建、播放、编辑和删除动作，还可以载入系统预设的动作。

    A.【批处理】   B.【动作】   C.【自动化】   D.【图层】

19. （　　）功能是 Illustrator 2022 的新功能，此功能仍处在技术预览阶段。可以使用 Substance 材质为图稿添加纹理，并创建逼真的 3D 图形。

    A. 基本材质   B. 材质   C. 所有材质   D. 3D经典

20. 旋转是指对象绕着一个（　　）进行转动，可以使用【选择工具】和【旋转工具】旋转对象。

    A. 固定点   B. 支撑点   C. 中心点   D. 角点

21. （　　）是指两种或两种以上的颜色在同一条直线上的逐渐过渡。

    A. 混合   B. 画笔   C. 颜色   D. 渐变

22. 双击【比例缩放工具】按钮，或按住（　　）键，在画板中单击，会弹出【比例缩放】对话框。

    A.【Tab】   B.【Ctrl】   C.【Insert】   D.【Alt】

23. （　　）是通过路径将图形划分为多个上色区域，每一个区域都可以单独上色或描边。

    A. 填色   B. 实时上色   C. 封套   D. 组合

得分	评卷人

二、填空题（每题2分，共12小题，共计24分）

1. 在计算机绘图设计领域中，图像基本上可分为_____和_____两类。

2. 在【直线段工具选项】对话框中，选中_____复选框后，可以将当前描边色应用到线段上。

3. 在 Illustrator 2022 中，使用绘图工具可以绘制出不规则的直线或曲线，或任意图形，而绘制的每个图形对象都由_____和_____构成。

4. 用【选择工具】▶选择需要调整的图形对象，图像外框会出现_____个控制点。

5. 对象编组后，图形对象将像单一对象一样，可以任由用户_____、_____或进行其他操作。

6. 选择【变形工具】◤后，按住【Alt】键，在绘图区域拖动鼠标左键，可以即时快速地更改_____，此功能非常实用，初学者应该熟练掌握。

7. 路径文本工具包括_____和_____。选择工具后，在路径上单击鼠标左键，出现文字输入点后，输入文本，文字将沿着路径的形状进行排列。

8. 使用不透明蒙版，可以更改底层对象的透明度。蒙版对象定义了_____和_____，可以将任何着色或栅格图像作为蒙版对象。

9. 使用【3D和材质】命令，可以将二维对象转换为三维效果，并且可以通过改变_____、_____、_____、_____及更多的属性来控制 3D 对象的外观。

10.【偏移路径】命令可以在现有路径的外部或内部创建一条新的_____。

11. 执行【对象】→【切片】→【从所选对象创建】命令，将会根据选择图形_____划分切片。

12. 使用【切片工具】🖊可以将完整的网页图像划分为若干个小图像，在输出网页时，根据_____分别进行优化。

得分	评卷人

三、判断题（每题1分，共14小题，共计14分）

1. Illustrator 2022 广泛应用于印刷出版、专业插画、多媒体图像处理和互联网页面的制作等方面，功能非常强大。　　　　　　　　　　　　　　　　　　　　　　　　　（　　）

2. 按组合键【Ctrl+O】，打开【打开】对话框。在选择文件时，按住【Shift】键单击目标文件，可以选择多个连续文件；按住【Ctrl】键单击，可以选择不连续的文件。　　（　　）

3. 在绘制圆角矩形的过程中，按【←】或【→】键，可减小或增加圆角矩形的圆角半径。（　　）

4. 绘制路径后，还可以对路径进行调整。选择单个锚点时，选项栏中除了显示转换锚点的选项外，还显示该锚点的坐标。　　　　　　　　　　　　　　　　　　　　　　（　　）

5.【颜色】面板只能使用CMYK颜色模式显示颜色值，然后将颜色应用于图形的填充和描边。　　　　　　　　　　　　　　　　　　　　　　　　　　　　　　　　　（　　）

6. 双击工具箱中的【填色】□和【描边】图标▣，可以打开【拾色器】对话框。　（　　）

7. 使用【旋转扭曲工具】🔲可以使图形产生渐变的形状，在绘图区域中需要扭曲的对象上单击或

拖动鼠标，即可使图形产生旋涡效果。 （ ）

8.区域文本工具包括【区域文字工具】和【直排区域文字工具】，使用这两种工具可以将文字放入特定的区域路径上，形成多种多样的文字排列效果。 （ ）

9.在【首选项】对话框中，选择【参考线和网格】选项，在该选项中，可以设置参考线和网格的相关参数。 （ ）

10.在【3D凸出和斜角选项（经典）】对话框中，单击【贴图】按钮，弹出【贴图】对话框，通过该对话框可将符号或指定的符号添加到立体对象的表面上。 （ ）

11.符号是在文档中可重复使用的对象。 （ ）

12.Web安全色是指在不同硬件环境、不同操作系统、不同软件中都能够统一显示的颜色集合。 （ ）

13.单击工具箱中切片工具组中的【切片选择工具】，在需要选择的切片上单击，即可选择该切片。 （ ）

14.在图形区域内部，除了能够填充单色外，还可以填充文字，只要将【填色】色块设置为文字即可。 （ ）

得分	评卷人

四、简答题（每题 8 分，共 2 小题，共计 16 分）

1.对象太多时，如何避免误操作？

2.图层是什么，图层如何操作？